U0341309

MODERN LUXURY

现代奢华

空间·物语

DAM 工作室 主编

华中科技大学出版社
http://www.hustp.com
中国·武汉

P reface 序言

如今，越来越多的人对现代风格情有独钟。现代风格的设计或简约，或奢华，但都十分注重空间的实用性和灵活性，在国内也越来越流行。

现代居室空间是根据相互间的功能关系组合而成的，而且功能空间相互渗透，空间的利用率最大化。空间组织不再是以房间组合为主，空间的划分也不再局限于硬质墙体，而是更注重会客、餐饮、学习、睡眠等功能空间的逻辑关系。通过家具、吊顶、地面材料、陈列品甚至光线的变化来实现不同功能空间的划分，而且这种划分又随着不同的时间段表现出灵活性、兼容性和流动性，如休憩空间和餐饮空间通过一个钢结构的夹层来分割，阁楼上的垂幔吊顶又限定了床的范围，这是典型的现代空间设计手法。

首先，在选材上不再局限于石材、木材、面砖等天然材料，而是将选择范围扩大到了金属、涂料、玻璃、塑料以及合成材料，并且夸张材料之间的结构关系，甚至将空调管道、结构构件都暴露出来，力求表现出一种完全区别于传统风格的高度技术的室内空间气氛。

其次，现代风格的色彩设计受现代绘画流派思潮的影响很大。通过强调原色之间的对比与协调来追求一种具有普遍意义的永恒的艺术主题。装饰画、织物的选择对于整个色彩效果也起到点明主题的作用。现代室内家具、灯具和陈列品的选型要服从整体空间的设计主题。家具应依据人体一定姿态下的肌肉、骨骼结构来选择、设计，从而降低人的体力损耗，减少肌肉的疲劳。灯光设计的发展方向主要有两大特点：一是根据功能细分为照明灯光、背景灯光和艺术灯光三类，不同居室灯光效果应为这三种类型的有机组合；二是灯光控制的智能化、模式化，即控制方式由分开的开关发展为集中遥控，通过设定视听、会客、餐饮、学习、睡眠等组合灯光模式来选择最佳的效果。在陈列品的设置上，应尽量突出个性和美感。

再次，现代风格的居室重视个性和创造性的表现，不主张追求高档豪华，而着力表现区别于其他住宅的东西。住宅小空间的多功能是现代室内设计的重要特征。与主人兴趣爱好相关联的功能空间包括家庭视听中心、迷你酒吧、健身角、家庭电脑工作室等。

通过对现代风格设计的了解，不难发现，其实现在现代风格的设计并没有我们想象中的简单。但是，在我们装修的过程中，只要认真注意以上几个环节，相信你的装修一定会变得完美。

壹挚设计有限公司创始人、设计总监　陈嘉君

目录
Contents

陈嘉君

壹挚设计有限公司创始人、设计总监

毕业于广州美术学院环境艺术专业
2013年度中国优秀青年设计师
中国建筑学会室内设计分会会员
2010—2013年期间先后获选为"广州十大设计师""羊城精英设计新势
力""广东优秀设计师"及"中国优秀青年设计师",是中国当代为数不多拥
有十余年房地产领域综合设计经验的优秀设计师之一。

设计理念:当代设计不是一味的西化,而是多元文化的提炼和相互融合,其核
心是互补和共享。

对话设计师

Q:提问
1. 现代风格最大的特色在哪里?

A:解答
现代风格是一种比较流行的风格,追求时尚与潮流,非常注重居室空间的布局
与使用功能的完美结合。现代风格造型简洁,反对多余装饰,推崇科学合理的
构造工艺,重视材料的性能特点,提倡突破传统与创造革新,强化功能和空间
组织,注重发挥结构构成本身的形式美,讲究材料自身的质地和色彩的配置效
果,强调设计与工业生产的联系。

Q:提问
2. 在设计现代风格时有哪些方面需要注意?

A:解答
"设计是利用多种手段把构思与计划从视觉方式传达出来的活动,设计不只是美化,它包括合理
性、经济性、审美性、独创性、适应性。" 现代设计追求的是空间的实用性和灵活性。居室空间是
根据相互间的功能关系组合而成的,而且功能空间相互渗透,空间的利用率达到最高。空间组织不
再是以房间组合为主,空间的划分也不再局限于硬质墙体,而是更注重会客、餐饮、学习、睡眠等
功能空间的逻辑关系。通过家具、吊顶、地面材料、陈列品甚至光线的变化来表达不同功能空间的
划分,而且这种划分又随着不同的时间段表现出灵活性、兼容性和流动性。

Q：提问

3. 最能体现此种风格的软装是什么，这种产品应该有些什么样的特质？

A：解答

最能体现现代风格特色的是钢、玻璃、水晶、皮毛等纯天然的材料，一般将它们整合打造在家具中，形成一种非常低调的奢华的风格。

Q：提问

4. 居住空间要形成现代风格，要如何规划？

A：解答

住宅环境的对象是家庭的居住空间，无论是独户住宅、别墅，还是普通公寓都在这个范畴之内，由于家庭是社会的细胞，而家庭生活具有特殊性质和不同的需求，因而要根据居住者的住宅环境、空间大小、经济条件、职业特征、身份地位、性格爱好等进行相应的陈设艺术设计，为家具塑造出理想的温馨宜居环境。

Q：提问

6. 设计过程中，应该如何保持设计理想与现实之间的平衡？

A：解答

在设计的过程中，以自然的和人为的生活要素为基本内容，以能使人体生理获得健康、安全、舒适、便利为主要目的，也需要兼顾实用性和经济性。同时，要让设计在生活中放大，其中很重要的一点是以精神品质、性灵和以视觉传递式的生活内涵为基本领域。

Q：提问

7. 在您的设计职业生涯里，有什么难忘的经历吗，能否分享一下？

A：解答

设计让我懂得了很多，懂得了如何处理人和人之间的关系，人和物件的关系，人和空间的关系，以及人和自然的关系。其实设计与生活，早就是密不可分，大概再没有任何一个行业，像设计这样与生活结合得如此紧密了。设计即生活，生活即设计。

Q：提问

5. 现代风格家居对使用者的生活有何影响？

A：解答

无论是什么风格的设计，"家"对于使用者而言都是一样的，即：温馨、舒适、便利。任何家居设计都应围绕"家"的主题而展开。让设计在生活最大化的同时必须要使居住者的心情是愉悦的，才能符合最基本的设计原则。现代风格的设计为使用者打造一个色彩跳跃、实用且多功能的个性空间，极大程度上在满足使用者的日常需要的同时兼具设计美感，这不仅是一种生活方式的选择，还是对生活哲学的思考。

华标品雅城一期A型墅 · 摩登时代

设计公司：C&C 壹挚设计
软装设计：C&C 卡络思琪
设计师：陈嘉君、邓丽司、贺岚
摄影师：谢艺彬
面积：370 平方米
地点：广东广州

设计说明

本案灵感来自东方文化融合地域文化且吸收外来先进文化的海派风格。喜欢这类设计的人必定是享受着高品位生活品质的同时追求创新与奢华审美情趣的。空间以高贵的宝蓝色为点缀色，以玫瑰金色渲染出金碧辉煌的奢华感，跳跃却不失优雅与风度，展现出戏剧般的张力。棕色系的设计无疑是一种成熟而稳重的选择，但人的性格是多元化的，除了需要沉稳之外，更需要动感与活力，因而设计师在空间中融入了复古的摩登色彩。随着光线强弱的改变，错落有致的色调使整个空间更加变化多端，展现一种后现代生活的东方都会气息。

中西文化碰撞是现代设计创作的源泉，全盘西化的时尚和前卫，宫殿与剧院般的奢华绚丽，显然都不是设计师想要的答案。设计师用对称的修饰手法，渲染空间的恢宏大气，张扬的西式装饰画和极具韵味的手绘墙纸，呈现中西文化的强烈对比。时尚的玫瑰金和古典的黑檀木色共同作用下产生了剧烈的化学反应，那些深刻的色彩、华丽的彩绘图案，融合在一个空间里，没有一处跳脱，都在空间中作为显性的因素出现。同时，又以西洋象棋和中式的铁树作装饰，大气又不失时尚，增添趣味性，以优质的材质和灵活巧妙的手法向人们诉说着现代海派奢华风。客厅的花纹和颜色十分丰富，不用过多的装饰元素但有足够的视觉效果来营造大气而典雅甚至奢华的生活，古典与摩登来回游走。负一层休憩区是整个空间的精华，设计师根据主人对红酒和雪茄的喜爱设计了满足私人化需要，量身定做最舒适的放松环境，喝着喜爱的红酒，欣赏着自己珍爱的收藏品，惬意生活从这里开始。

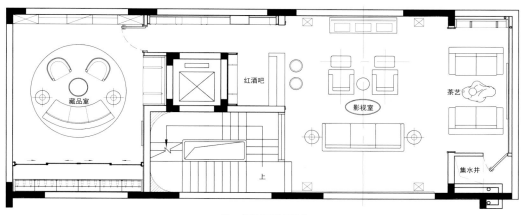

负二层平面布置图

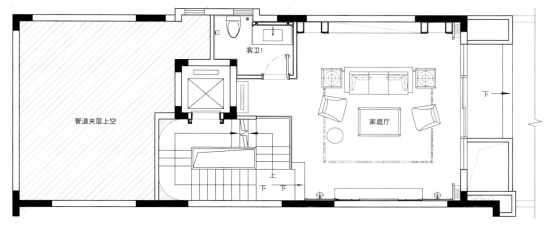

负一层平面布置图

夹层平面布置图

一层平面布置图

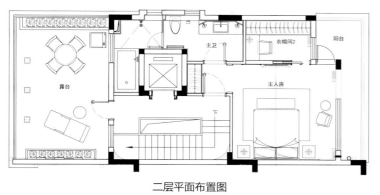

二层平面布置图

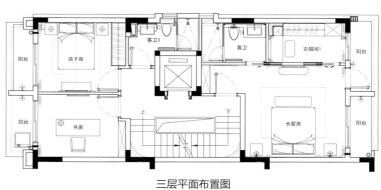

三层平面布置图

保利中央公馆中轴楼王·都市骑士

设计公司：C&C 壹挚设计
软装设计：C&C 卡络思琪
设计师：陈嘉君、邓丽司、贺岚
地点：广东佛山
面积：280 平方米

设计说明

品位来自于生活阅历，设计师用阅历为业主带来了一段隽永而高贵的品位之旅，让业主怀着对优雅生活的憧憬去感悟生活、品味生活。设计灵感则来自于崇尚精湛手工艺的HERMERS，继承其独特的贵族气质，以及对创造力亘古不变的热诚。

设计师挑选了贵族的代表色——灰色，作为空间的底色，以映衬贵族般冷静自持的性格和安宁而略带保守的生活方式。明亮橘色的融入，使这个素雅的空间散发出精致的气质。冷暖色调的搭配，简洁线条与简单色块的运用，让空间优雅得如同大方得体的名媛。

大理石、皮革、紫铜和水晶，不同材质的交替运用为空间带来了丰富的层次感，同时晶莹剔透的质感足以把颜色衬托得更为高贵华丽，也为主人的各种爱好，如藏酒和绘画营造了极好的氛围。马术与醇酒元素的穿插，彰显了独特的生活品位，令整个室内空间充满个性，典雅且活力非凡。

平面布置图

华标品雅城一期B型墅 · 摩登雅痞

设计公司：C&C 壹挚设计
软装设计：C&C 卡络思琪
设计师：陈嘉君、邓丽司、贺岚
摄影师：谢艺彬
面积：365 平方米
地点：广东广州

设计说明

本案灵感源于优雅至极却又悠然随意的贵族气质，设计是对墨守成规的现实生活的大胆突破，把不相干的元素巧妙糅合起来形成耳目一新的感官享受。这是一个三层高的别墅，空间十分宽敞明亮，有足够的空间可以满足业主的私享生活。别墅整体采用棕色系的设计，一层挑高的客厅则自然沿袭同样的色调，中式的格纹与象征美式生活的皮质家具甚至是金属装饰相碰撞，简洁大气的设计避免了毫无情趣的油腔滑调，再加上加长白色沙发的调和，显露出十足的大户人家的气派。夹层是开放式的厨房和餐厅，以经典的米灰色作为背景色，一抹高调冷艳的橘色透露出点到为止的精致，让贵族的雅致溢满整个空间，时有古典成熟的格调，时有前卫端庄的氛围，设计师大胆的在这份古典端庄中加入了偏工业风的金属装饰却毫无违和感。冷暖色调的搭配，丰富了整体设计的层次感。看似混乱无章实则蕴含奥秘的图案，以及动物元素的点缀，让每个陈设品都能成为不可或缺的艺术品。

位于三层的是精心设计的主人房，设有衣帽间、书房、独立主卫以及超大阳台。抽象的艺术表现在这个空间里显得十分得体，似乎在表现一种不仅在视觉上甚至在生活体验上都玩味十足的趣味装扮。爽朗大气的线条勾勒出干练的贵族气息。美式的紫铜、铆钉，豪气奢华的水晶大吊灯和富有质感的软麻布搭配出丰富的层次感，传递出专属于美式的张扬、豪放与自由。设计师根据使用者的喜好，加入马术等动物元素，复古却又生动，一静一动，交相辉映。除此之外，负一层还设有影音室，除大理石制造的十分豪华的视觉背景墙外，还很贴心地安排了长沙发、单人椅以及躺卧的椅子，让主人自由选择以最舒适的姿态来欣赏音乐、电影及天花板上的满天星河。

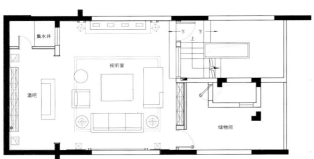

负一层平面布置图

一层平面布置图

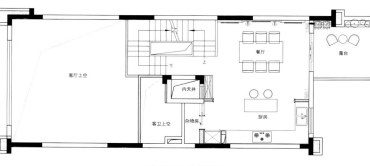

夹层平面布置图

二层平面布置图

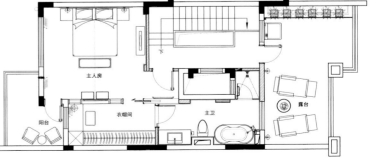

三层平面布置图

杨焕生（右）

杨焕生建筑室内设计事务所主持人

设计理念：希望作品能呈现多元思维的设计面向，从纹路、线条、质料、裁剪、配饰、摆设到收边都整合在整体规划设计中，所呈现的不仅是空间的美感，更重要的是对于细节的要求。

郭士豪（左）

杨焕生建筑室内设计事务所协同主持人

设计理念：设计的范畴不会只是一成不变的分划空间、填入机能、套入世俗所定义的风格。空间就像个盒子，设计过程中设计师必须为它注入彰显空间特性的想法、耐人寻味的记忆点、灌溉自然元素，才能谱写出扣人心弦的空间乐章。

对话设计师

Q：提问
1. 现代风格最大的特色在哪里？

A：解答
现代的定义因人、地区、文化而不同，但通用的表现手法，也就是现代风格最大的特色，是表现材料的本质，不需要多余的装饰，经每位设计师独有的演绎，从个人创新开始，使现代风格展现最有力的表现。

Q：提问
2. 现代风格在设计上有哪些要注意的？

A：解答
现代风格也是时代趋势的表现，但趋势的传递仅透过模仿而没有创新，只会成为泛滥的标志，因此每位设计师诠释风格的同时，能转化成自己的语言才是最流畅也最有力量的表现。

Q：提问
3. 最能体现此种风格的软装是什么，这种产品应该有些什么样的特质？

A：解答
现代是具有时代性的，在软装上的表现是必须具备符合时代语汇的特质，当现代的手法套用美式，就有美式的软装语汇；套用英式，也有属于英式风格的软装表现，并不是每种风格的软装都能符合现代的定义，因此每位设计师对于当代流行的敏锐度必须很高，同时也要不断地更新。

Q：提问
4. 国外的现代风格和国内常见的现代风格空间，有什么样的差异？

A：解答
国内与国外的定义，更精确一点可以说是东方与西方的差别，光是看"东"、"西"二字，就能明白是完全不同形态的表现手法。西方在现代风格中，手法常表现在自然、艺术或生活体现的呈现上，而东方的现代风格，多表现在软装、装饰效果或装修语法中。

Q: 提问

5. 居住空间要形成现代风格，要如何规划？

A: 解答

现代风格即是在大环境中表现自然，在元素中呈现本质，而有几种大方向通用的手法或语汇，例如线条极简、减少过多的装饰性符号等，或是将空间规划为开放式等。

Q: 提问

6. 现代风格家居对使用者的生活有何影响？

A: 解答

我想一种风格对居住者的影响多是内在层面的，喜爱这样风格的居住者自然会享受这样的空间，直接对生活有影响的是外在层面，在机能上的影响，如通透的空间在动线上就会变得简单明了。

Q: 提问

7. 设计过程中，应该如何保持设计理想与现实之间的平衡？

A: 解答

达到平衡必须对空间中材质的运用与表现手法有共同的认知，设计终究是为了居住在空间中的人，因此创造空间的前提一定是先尊重居住者，在这样的前提下去设计理想的空间，才能在现实中找到平衡。

Q: 提问

8. 现代风格的精神是什么，一般人可以自己打造吗？

A: 解答

现代风格的精神就是透过简约来呈现自然与材质的本质，在大前提不变之下，当然一般人可以自己打造，尤其现代的定义每个人都有不同的风格诠释，我相信能展现自己的就是最好的风格精神。

Q: 提问

9. 在您的设计职业生涯里，有什么难忘的经历吗，能否分享一下？

A: 解答

在2007年第一次接触台北沐兰酒店设计，65间超大面积会所房型，必须有65种不一样的风格及超过2 500种材料组合,这对于刚成立公司两年的我们是一个大考验，但也是这样的经验，形成了现在公司有能力和国际酒店设计公司一起设计酒店的能力。

Q: 提问

10. 推荐几个您欣赏的设计师和几本优秀的设计类图书吧，为什么是他们而不是其他人呢？

A: 解答

著名酒店设计师Jacques Garcia的设计作品，位于纽约的The NoMad Hotel。

因Jacques对材料与装饰敏锐的直觉及自身艺术的深度内涵，在表达奢华的家具、窗帘、装饰等空间的诠释时，搭配着严谨的古典美学概念，散发属Jacques Garcia自身的风格。

赋 · 采

设计公司：杨焕生设计事业有限公司

设计师：杨焕生、郭士豪

摄影师：岑休贤

面积：330 平方米

主要材料：鸟眼枫木木皮钢烤、镀钛铁件、木皮、定制画、大理石、布料

设计说明

比"文"还赋有风采，比"诗"还更多韵律，可以给予它看似"非诗非文"的定义，同时也是"有诗有文"的内涵。我们重新给予它像新生命绽放般的色彩，结合创作艺术与精致工艺，把它放在喧嚣的都市、彼此交错坐落的城市光景中，也让这样的色彩巧妙融入生活。

从玄关、客餐厅至厨房，长形的建筑空间，是完全开放的尺度，通过14幅连续且韵律感极强的晕染画作将这些各自独立的空间连成一体。模拟大山云雾虚无缥缈的晕染画作，镶嵌于垂直面域上，于一开一合之间创造出静态韵律与动态界面屏风，让连续性的延伸感蔓延全室。弧形线条如卷纸轴般轻巧的挂于天花板上，饱满、圆润并攀延至墙面及柱体，使每一个视角都有属于自己的诗篇，创造出优雅舒适的美好生活。

借由开放的空间或造型、比例等，为整体空间定调，透过不同视角衍生出框景效果，让造型彼此之间产生了或对称、或反差的效果，亦为空间建立了丰富的视域层次。以机能实用、采光丰富、通风对流、动线流畅作为主要的设计原则，借由视角延续的开阔、公共空间彼此交叠，为空间引导渐进式的层次律动，透过空间结构、节点的延伸，叠合出独特而丰富的居住体验。

大面L形的落地窗，让空间有了眺望城市的最佳视野，也能将这样无尽无边的辽阔感延伸至室内来。让长期在往返于美国、上海、新加坡的屋主，感受到顶级饭店的精品规格，同时也拥有属于家的放松与温度。

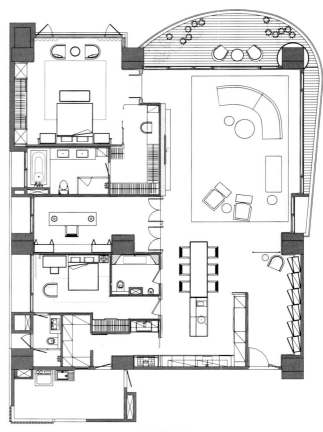

平面布置图

陈飞杰（Rocky Chan）

陈飞杰香港设计事务所首席设计师
香港资深建筑、室内设计师
正境香港设计事务所创办人
中国美术学院客座教授
"重识鲁班 回归师承"设计中国行活动发起人

对话设计师

Q：提问
1. 现代风格最大的特色在哪里？

A：解答
现代风格是简洁、简约的，去除了繁琐的古典元素，以平面线条为主，但不缺空间氛围。

Q：提问
2. 现代风格在设计上有哪些要注意的？

A：解答
现代风格在设计上要选择合适的材料，也要注意材料颜色的搭配。在材料与材料交接的细节上要留意材料的厚度与质感，同时尽量提炼项目所需要的文化与符号并运用到空间里。

Q：提问
3. 最能体现此种风格的软装是什么，这种产品应该有些什么样的特质？

A：解答
现代风格的特点主要体现在空间的主题色上，软装空间的内容包含了灯具、家具、窗帘、地毯、装饰画与生活用品等，在软装选择上要注意材料与颜色相呼应，应该尽量减少传统的图案与过于繁琐的雕饰。

Q：提问
4. 国外的现代风格和国内常见的现代风格空间，有什么样的差异？

A：解答
比较明显的差异在材质上，譬如不锈钢质感的差异，烤漆生产工艺的差异，色彩饱和度的差异。就生产加工厂家来说，国外的生产加工工艺往往是祖辈相传，因此随着时间的累积，工艺日趋成熟。而国内很多厂家从事某一类别产品的生产加工，工艺尚未成熟就转而生产其他产品。

Q：提问

5. 居住空间要形成现代风格，要如何规划？

A：解答

现代风格的居住空间给人的空间感觉往往是视线较为通透，同时颜色选择上可能更趋于浅色系，即使运用深色也只是作为局部点缀。

Q：提问

6. 现代风格家居对使用者的生活有何影响？

A：解答

有个明显的特点，现代风格家居在生活中的维护和打理上更节省时间，不会那么复杂。同时在实施和执行上的投入相对较少。

Q：提问

7. 设计过程中，应该如何保持设计理想与现实之间的平衡？

A：解答

这个关系到专业度的问题，一个优秀的设计师不仅要有好的创意设计，更要考虑到实施层面的东西，包括人体尺度，在停留、活动、交往、通行时的空间范围，家具、灯具、设备、陈设等尺寸，以及使用、安置它们时所需的空间范围等。同时，要更现实地面对项目的预算与预算的使用范围。

Q：提问

8. 现代风格的精神是什么，一般人可以自己打造吗？

A：解答

德国的一位设计师米斯提出："少即是多"，现代风格是以功能为主，尽量减少繁琐的工艺。一般人如果要打造现代风格空间，可以按照自己的生活习惯与需求展开。

Q：提问

9. 在您的设计职业生涯里，有什么难忘的经历吗，能否分享一下？

A：解答

在我的设计生涯中印象最为深刻的项目是翠玺大美珠宝店的设计，在设计过程中发现珠宝所需的展示柜与配置的家具及软装饰品在市场中都很难找到合适的，最终导致整个项目的家具设计及软装配饰都需要我们参与设计。从设计到执行，我们花了一年的时间才最终完成，感觉做这样的项目就应该更为专注，才能实现自己完整的想法。

Q：提问

10. 推荐几个您欣赏的设计师和几本优秀的设计类图书吧？为什么是他们而不是其他人呢？

A：解答

我最欣赏的设计师是贝聿铭和季裕堂，他们有个共同的特点是：对设计有着无比的热情与专注以及永无止境的研究。

给大家推荐《梁思成全集》《叩开鲁班的大门：中国营造学社史略》《大拙至美：梁思成最美的文字建筑》这三本专著和《LP地标》杂志。

东莞绿茵温莎堡三期

设计公司：正境香港设计事务所
设计师：陈飞杰
面积：603 平方米
主要材料：云石、木饰面、香槟金、夹丝玻璃、实木地板、硬包、软包、艺术墙纸

设计说明

空间有时就是一种乌托邦似的寄想，可以作为情感的归宿和思想的延伸，或者是对心灵的收纳。一个赏心悦目的空间能驱散身体的疲惫，犹如清晨的乐章，高贵并且愉悦。

作为一个带有大面积庭院的独立别墅，如何使景观与室内设计相辅相成是本案设计的重点。在空间规划时，充分地利用了落地玻璃门窗与天井将光线引入室内。同时巧妙地运用中庭挑高扩宽空间维度，并采用石材与艺术品的铺垫呼应，将古典审美范畴中的明暗对比、藏与露的比例予以现代的手法来演绎，充分营造出高雅、尊贵的气韵之余还融入不凡的艺术品格。

在对室内空间氛围的整体把握上，设计师匠心独运让雍容的咖啡色调在整个空间中蔓延，优质的皮面料，亮面装饰的点缀及局部对比色的运用丰富了空间。设计以高品质的饰面、精致的线条渲染着城市的轨迹，极具匠心的精细雕琢，婉约地诉说着每一个指尖碰触过的唯美故事，将都市的浪漫情怀与现代人对生活的需求相结合，营造出复古、前卫、精致的高雅生活。

陈德坚 (Kinney Chan)

德坚设计创办人

2015年荣获"意大利 A' Design Award"
2014 年与2009年获德国"iF传达设计大奖"
2014年获得"日本JCD 大赛银奖"
2013年获得"美国室内设计Gold Key Award"
2012年获得"美国室内设计最佳设计奖"
2001年获得"亚太区室内设计大赛大奖"
数度荣获素有室内设计奥斯卡之称的 "Andrew Martin International Awards" 的全球最著名设计师之一

设计理念：室内设计是一种真正的艺术形式，而不仅仅是室内和室外的空间规划和物料的配搭。

对话设计师

Q：提问
1. 现代风格最大的特色在哪里？

A：解答
时尚可以从不同层面去演绎。不论是简约、精细甚至是古典奢华的风格都可以是现代化的，因不同时代有不同的科技与发明，故审美眼光和评判标准也不大相同，而且当时当地的建筑、衣装和餐品，都会影响到室内设计的风格。

Q：提问
2. 现代风格在设计上有哪些要注意的？

A：解答
所有事物都需要留意，例如物料、比例、灯光以及科技的发展等。

Q：提问
3. 最能体现此种风格的软装是什么，这种产品应该有些什么样的特质？

A：解答
这些产品需要配合潮流，例如颜色和材料。

Q：提问

4. 国外的现代风格和国内常见的现代风格空间，有什么样的差异？

A：解答

没有太大分别，因为大家都是看相同的信息，如书本、杂志、新闻。

Q：提问

5. 居住空间要形成现代风格，要如何规划？

A：解答

要充分考虑空间大小、先天条件、器材科技，以及住客生活细节和习惯。

Q：提问

6. 现代风格家居对使用者的生活有何影响？

A：解答

配合时代，令其不会脱节。

Q：提问

7. 设计过程中，应该如何保持设计理想与现实之间的平衡？

A：解答

经验。

Q：提问

8. 现代风格的精神是什么，一般人可以自己打造吗？

A：解答

没有时间限制的设计才是最现代的设计。

Q：提问

9. 在您的设计职业生涯里，有什么难忘的经历吗，能否分享一下？

A：解答

难忘的是设计与施工的分歧，做出来的跟设计不一样，印象深刻。

Q：提问

10. 推荐几个您欣赏的设计师和几本优秀的设计类图书吧，为什么是他们而不是其他人呢？

A：解答

欣赏Thomas Heatherwick破格的概念，他是潮流的领先者。

深圳曦湾天馥名苑

设计公司：德坚设计
设计师：陈德坚
摄影师：陈维忠
面积：197 平方米
主要材料：天然石材、木材、金属

设计说明

此样板房有别于一般的家居设计模式，设计师利用空间述说出现代人珍惜时光、享受岁月的生活态度。空间采用自然的石材，无论是色泽，还是纹理皆浑然天成，展现大气恢宏的高品位质感。天然色调的墙身辅以线条优美的装饰线，以大气之姿展现眼前。 另外设计师以石材搭配茶色镜面作为电视墙，加上饰有温婉图案的布料和地毯，营造温润柔和的空间质感。

云石纹理的微妙变化，彰显贵气与艺术感。设计师陈德坚为深圳曦湾天馥名苑打造示范单位，墙身及地台以多款云石处理配合中式演绎的蝴蝶结饰墙及珊瑚壁画，为现代风格注入古典主义。门前加设铁制条子屏风外，同时在连接观景露台的厅定制木假天花，造型如盒盖般划分区域功能。

以 4 房间隔的大宅，日光充足，通透开扬。"客厅连接弧形观景露台，往外看去是入户花园，屋主犹如置身一片绿洲之中。"设计师笑言，客房坐拥私人花园景致，书房更设有趟门出入特大露台，视野广阔。整个项目以时尚、优雅、格调、显贵为主题，希望客人在日光中拥有享受生活的好心情。

甫入室内，大门前的条子状屏风刚好改善直冲主人房小瑕疵。阔约3尺半（1尺≈0.33米）的屏风以黑色焗油铁器处理，感觉硬朗有型而且时尚独特。铺上云石地台的客餐

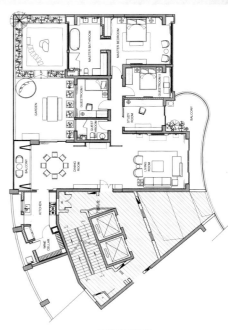

平面布置图

厅，从用色、灯光气氛以至物料也贯彻如一。附设于露台的沙发背景墙整幅墙身（约17尺半）也铺上同一款云石，配合珊瑚壁画装饰别具气势。

电视饰墙方面，设计师改用水晶米黄电视饰墙，同时在墙身加入对称而且线条简洁的蝴蝶结装饰。以石材及茶镜处理的柱，设计中融入渗光效果，极为独特。

毗连私人花园的餐厅，则以中国人喜欢大圆台为中心。设计师采用直径达5尺的圆形餐台对比天花位置的方形图案，令人联想到"天圆地方"的阴阳学说。通透的餐厅设于厨房门外，空间动线流畅合理。设计师更将露台趟门改为推拉门，令户外景观一览无遗。

离开客餐厅，第一个房间为书房。设计师将书房地面改铺木地板，为空间增添

阵阵暖意。通过独立趟门可出入观景露台，且在白橡木的书柜与书架之间摆放有Daybed（坐卧两用长椅），让业主在享受阅读乐趣的同时，也能欣赏到门外景致。再细心看，你回发现如龙门架般设计的书架有多组灯箱，光线毫不刺眼却富情调。

设于走廊尽头的主人房，再次运用了主题式蝴蝶结石柱。偌大的主人套房，以近似蝴蝶结的木线效果处理阔5尺半的衣柜，对比假天花的粗边设计，建筑感愈加强烈。床头位置以湖水蓝压花墙纸对比红色抽象画，具有画龙点睛的效果。

走入套厕区域，云石墙身及地台更令人惊叹，凹入墙身的云石洁具架也经过完美切割，修口毫不显眼，手工一流。据悉这款高原灰云石经过抛光处理，纹理细腻均匀，更显高贵明亮。

深圳中海九号公馆

设计公司：德坚设计
设计师：陈德坚
摄影师：陈维忠
地点：广东深圳
面积：400平方米
主要材料：云石饰墙、几何拼砌木地板

设计说明

设计充分掌握人们对于社会阶级的敏感性及比较心理，尤其是对于世代富裕家庭生活的向往，因而采用独特的城市贵族居家风格。城市贵族居家风格中还包含了折中主义与装饰艺术风格等过渡时期风格，不管是古典风格，还是21世纪的现代风格，都可以自由混搭相映成趣，风格设计保留闪亮元素，同时采纳时代经典与历史刻蚀痕迹，进而打造贵族都难以抗拒的丰富纹理及优雅格调。

将贵族生活移植到居家空间

城市贵族风格将贵族生活及经典宅第的超卓质感移植到一般居家空间层次，并注入贵族奢华元素及精品饭店风格，同时在设计内涵上，以经典线条、最具时代元素的材质来彰显经典风格的传世价值。居家空间的都会时尚感，包含美学主流折中主义风格，也具有城市贵族风格的优雅美学，低调简约的风格设计，蕴含着与一般奢华古典截然不同的非凡格调，更符合展现个性风格与自我想法的城市品位人士。

为现代空间注入古典元素

文艺复兴时期的米兰，居住着许多富有的商贾与名流，他们爱艺术、懂生活、不甘平淡，在他们的居家及私人别墅里，总是可以见到风格独特的元素及经典家具，这也成为城市贵族风格融合古典与现代的特性，为无限新意的现代空间，注入具有历史价值古典元素。

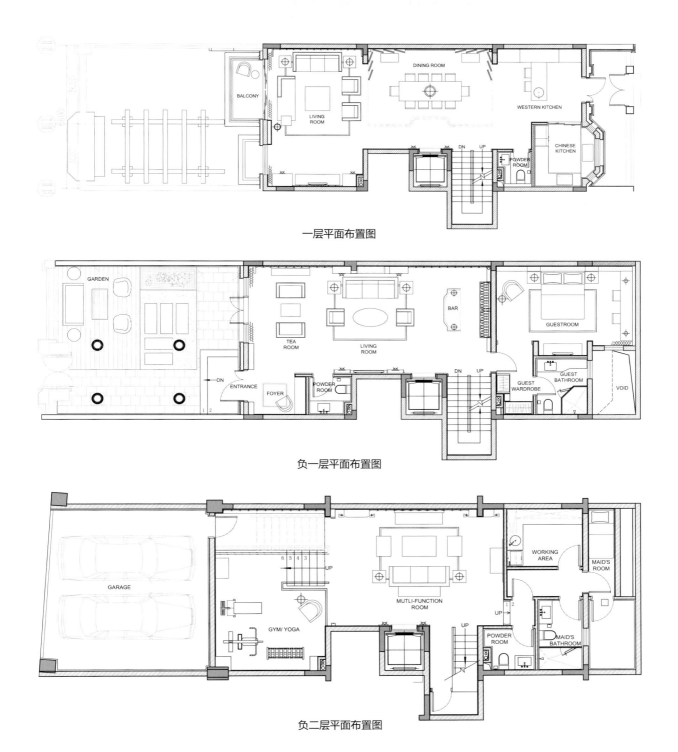

一层平面布置图

负一层平面布置图

负二层平面布置图

经典时代充满了许多文化符号与流行事物，低调奢华、温暖现代、摩登复古、多元折中，都是城市贵族风格居家氛围的最佳阐释。在城市贵族风格居家元素中，是可以跨风格进行搭配的。后现代主义结合了许多经典建筑的元素，与宽广的居家格局形成城市贵族风格经典宅第独有的隽永气质。

精品酒店氛围，加注时尚生活元素

精品酒店居家空间是许多人渴望的一种生活环境，也是生活品位的呈现，不论是贵族豪门或艺术家，总喜欢从中寻求新的灵感，创造无限美好事物。精品酒店风潮的盛行，设计师纷纷为这些贵族豪门推出顶级相关单品，不论是时尚产业或是居家设计都充满着精品酒店氛围，也成为城市贵族风格中不可或缺的元素。许多豪宅或独栋别墅、皇室名流居家，大多都运用了精品酒店元素，并

将时尚潮流融入空间设计，如空间里的高档家具家饰，呼应着主人生活品质与品位。不论是居住在城市中心，还是远离市区，一个不平凡的现代贵族居家空间，已成为现代贵族孜孜不倦的追求。

时尚，是一门关于人类生活的"艺术"。人们所追求的时尚是一种长期的行为，模仿从众只是认识它的"初级阶段"，而它的至高境界应该是从时尚潮流中剥茧抽丝，萃取出它的本质和真谛，不断地丰富自我的审美、品位，来打造专属自己的美丽"范本"。时尚带给人们的是一种愉悦与优雅、纯粹与不凡的心理感受，赋予人们不同气质的内涵和神韵，能体现出不凡的生活品位，并能彰显活力，展露自我个性。时尚生活倡导的是一种芳香健康生活，芳香健康生活不仅是一种现代化的生活方式，更是一种时尚的生活态度，是智慧与艺术的传承。

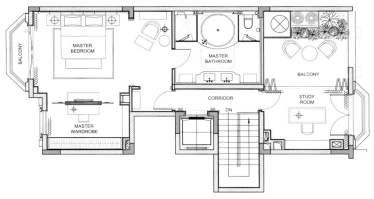

三层平面布置图

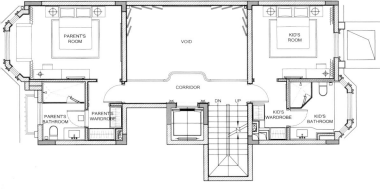

二层平面布置图

Champagne

设计公司：德坚设计
设计师：陈德坚

设计说明

本案业主为一位四十不惑的时尚达人，他对后现代的低调奢华和港式名店风格分外钟情。于是设计师为他打造了这套低调奢华、刚柔并济的混搭风格的住宅。利用简洁流畅的线条、闪亮的香槟色赋予空间时尚的感觉，简洁而不失华贵。客厅的设计温馨舒适，以中性色彩为基调，并与时尚隐花相融。墙身也添加了金属装饰，使空间整体感觉宽广而不空旷。卧室同样以香槟色营造雍容华贵的质感，表现了业主高贵内敛的气质，也彰显了他对品位的完美追求。

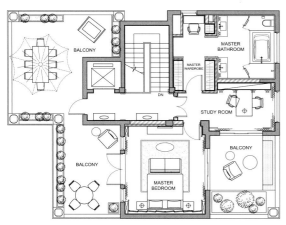

三层平面布置图

二层平面布置图

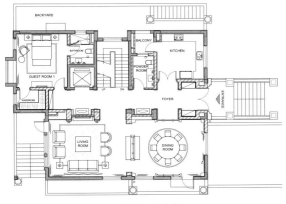

一层平面布置图

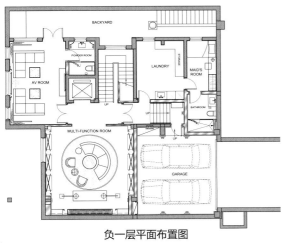

负一层平面布置图

陈世忠

福建国广一叶建筑装饰设计工程有限公司副总设计师
福建国广一叶建筑装饰设计工程有限公司5A写字楼设计事务三所所长
高级室内建筑师

设计理念：设计是一种感受、一种心态、一种舒适愉快的生活方式。

对话设计师

Q：提问
1. 现代风格最大的特色在哪里？

A：解答
简洁有力，实用性强，追求品质。

Q：提问
2. 现代风格在设计上有哪些要注意的？

A：解答
少即是多，不求复杂但求精细，有质感，实用为本。

Q：提问
3. 最能体现此种风格的软装是什么，这种产品应该有些什么样的特质？

A：解答
我觉得是家具，舒适而简单自然。

Q：提问
4. 国外的现代风格和国内常见的现代风格空间，有什么样的差异？

A：解答
现代风格是个大的概念，如极简、后现代等不同形式。只是在文化类装饰上有一些差异。

Q：提问

5. 居住空间要形成现代风格，要如何规划？

A：解答

注重功能性和实用性。只有合理的使用空间，结合生活习惯与生活方式的布局才是好的设计。

Q：提问

6. 现代风格家居对使用者的生活有何影响？

A：解答

现代风格家居它的简洁和纯净更能得到精神的释放，让人追求简单自然的心理。

Q：提问

7. 设计过程中，应该如何保持设计理想与现实之间的平衡？

A：解答

设计本身是一个解决现实问题的过程，设计不是理想，应该理性。合理的空间布局，在满足造价的前提下运用色彩材质及灯光的综合设计，实现相对理想的空间。

Q：提问

8. 现代风格的精神是什么，一般人可以自己打造吗？

A：解答

实用主义，如没有一定的专业了解及探索精神，还是交给专业人士吧。

Q：提问

9. 在您的设计职业生涯里，有什么难忘的经历吗，能否分享一下？

A：解答

我觉得碰到主要三种类别的业主，其一是花最少的钱做最好的事，二是钱不是问题只求高档，三是合理的钱做合理的事。您说有些经历能不难忘吗。

Q：提问

10. 推荐几个您欣赏的设计师和几本优秀的设计类图书吧，为什么是他们而不是其他人呢？

A：解答

安藤忠雄、季裕棠等，国广一叶每年出的图书就不错啊。

泉州鼎盛大观样板房A3户型

设计公司：福建国广一叶建筑装饰设计
工程有限公司

设计师：陈世忠、邱屹梅

摄影师：施凯

设计审定：叶斌

面积：85平方米

主要材料：大理石、木纹板、玫瑰金、
墙纸、镜面、软包

设计说明

本案为现代装饰风格，运用现代工艺材料，配以灯光的设计。整体色调以米黄色为主，局部采用金属线条点缀，空间的时尚、自然、悠闲尽显无余。客厅的背景大量采用金属和木纹的规则阵列，以镜面延伸餐厅视觉上的空间感，丰富空间表情。色彩明快的儿童房，休闲简洁的书房和主卧，无不诉说着年轻业主对时尚温馨家居的憧憬。

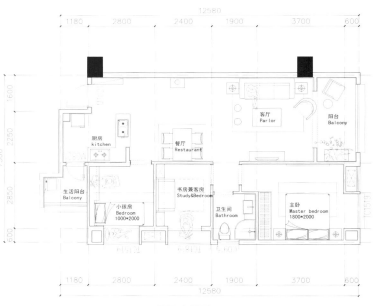

平面布置图

林仕杰

2006年崑山科技大学空间设计系
2010年成立甘纳空间设计工作室 /创意总监

陈婷亮

2006年崑山科技大学空间设计系
2007—2011年项目设计师
2012年甘纳空间设计工作室 /设计总监

设计理念：空间改造具有无限可能性。

对话设计师

Q：提问
1. 现代风格最大的特色在哪里？

A：解答
我们认为现代风格其实是传统的延续，所谓现代风格并非完全舍弃传统元素，而是将那些元素简化，利用更利落的线条来表现。

Q：提问
2. 现代风格在设计上有哪些要注意的？

A：解答
不要有过于繁复的装饰，视觉上以简单利落的装饰品为主，要慎重选择软装配饰。

Q：提问
3. 最能体现此种风格的软装是什么，这种产品应该有些什么样的特质？

A：解答
严格说来，我们认为现代风格的定义其实是广泛的，并没有很特定的元素或是软装来代表现代风格。简单并注重功能性应该是现代风格的特质，而这种风格的软装产品即需有此特质。具体来说，我们眼中的现代风格色调与材质表现较冷，而塑料与钢铁等金属类材料在现代风格中都较常见。

A：解答

就像服装穿搭一样，空间也可以反映个性与个人风格。有些人很懂得自己的喜好与需求，更知道自己适合什么样的风格与配件，那自然不需要造型师也可以将自己装扮得体有型。同样的，如果是个人风格很强烈、对空间的理想及需求很清楚的人，自己也可以打造属于自己的现代风格。

Q：提问

4. 国外的现代风格和国内常见的现代风格空间，有什么样的差异？

A：解答

国外的现代风格和国内的现代风格最大的差异是在材质上。东方广泛使用材料，运用不同切割手法打造现代风，着重空间表现的意涵，具体的例子就是贝聿铭建筑师的苏州博物馆。而西方则对结构表现有较多突破与挑战，整体而言西方的现代风格就偏向冷色调设计，常以塑料、钢铁等表现。

Q：提问

6. 现代风格家居对使用者的生活有何影响？

A：解答

若将现代风格以简单利落为特色，那自然能带给使用者大方、无拘束的感觉。特别是对于居住空间来说，没有包袱的空间设计有助于使用者放松身心，让使用者一回到家就能卸下一日的疲惫。

Q：提问

7. 设计过程中，应该如何保持设计理想与现实之间的平衡？

A：解答

我们认为设计应该以人为本。特别是居住空间，不应仅是设计者的理想呈现。因此，在我们的职业生涯中所接触的案子都是基于业主或是使用者对于空间的理想与需求来规划设计，辅以设计师的专业来最佳化空间的功能与美感。当然业主的考量或偏好与我们的设计理想难免有相左之时，此时便须通过长时间的沟通来取得平衡。

Q：提问

9. 推荐几个您欣赏的设计师和几本优秀的设计类图书吧，为什么是他们而不是其他人呢？

A：解答

我们很欣赏Studio Job的《Job Smeets and Nynke Tynagel》。他们的设计不只局限于空间，而是非常多元化的，涉及家具甚至是软装饰品设计。而且他们的作品多半都是新旧概念融合的呈现，与我们的理念很像。以此来呼应刚刚说的，现代主义不是完全舍弃旧时的元素，而是能够融合两种概念，交织成新时代的设计风格。

Q：提问

5. 居住空间要形成现代风格，要如何规划？

A：解答

如同上述，材质选用是打造现代风格居住空间的首要条件。在线条运用上避免使用繁复的设计手法。

共筑

设计公司：甘纳设计（Ganna Design）
设计师：林仕杰、陈婷亮
摄影师：MWphotoinc/Siew Shien Sam
面积：192平方米

设计说明

本案为一旧屋翻新案，原来的跃层空间条件，加上屋主一家人的使用房间数单纯，可充分进行居家机能与尺度的规划思考。此外更有良好的采光条件，上下楼层居高的窗外视野提供明亮的采光来源，自然光影的表现不在话下。

然而，改造旧屋也面临一些难题，如太多的外推区块使空间形成不平整的缺口，而上层也因为原始挑空的条件，形成不同柱体凸面，以及高低不一的窗户，零零角角的碎化区块等。因此，甘纳设计按屋主的需求及生活习惯重新规划空间格局与动线，并利用色彩搭配打造空间亮点。

屋主夫妇喜爱下厨，周末时亦常与亲友聚餐，因此甘纳设计将下层空间规划为公共区域。加大的开放式厨房设计，结合一字形餐桌，与后方宽窄不一的主墙面，共同展演主人日常的料理生活。设计并利用零碎空间规划出一个多功能游戏室，让孩子可在该区域游戏阅读，也方便父母照料。

厨房、餐厅
由于男女主人分别擅长中式料理和西式甜点，因此厨房以两台冰箱分别储藏食材。开放式中岛台面与餐桌连接，让主客之间的互动氛围更加直接，由于也邻近女主人妹妹的家，所以两家人平日多聚餐，厨房和餐厅自然成为拉近家人情感的核心区域。

收纳

依据整体的空间需求，本案有充分的收纳配置可做发挥。除了日常用品之外，女主人偏好收藏杯子，而且夫妻俩都热爱阅读，因此电视墙后方特别设置了一整面的书柜墙。

餐厅主墙

考虑既有的柱子因素，而采以大小不一的立面分割手法，结合水泥粉光、木皮、烤漆玻璃三种材料，其中将水泥粉光视为色调整合的依据，选用的木皮刻意染得不均匀，使整体主墙面有统一的效果之外，同时营造出不同色感、纹理的层次变化。

主墙内分别隐藏左侧的客用厕所、淋浴间，以及右侧的厨房用品和冰箱，一致的实面表现中，刻意利用适当的比例开口，让两个开放的方格可作为展示的储物柜使用，整体画面更显细致平衡。

梯间

一道与储藏室分隔的隔墙，从黑白色调中以彩色玻璃片组合成视觉焦点，透过光线的自然投射让素面的梯间变成彩色窗景的表演场域。梯间可谓本案设计之一大视觉亮点。甘纳设计让梯间不只是一个走道空间，而发想自教堂玻璃的彩色玻璃梯间更让身为基督徒的屋主有一个可以宁静沉思的角落。一旁的储藏室也不再只是阴暗杂乱的储物空间，而是一个可以享受阳光的复合式空间。

一层平面布置图

二层平面布置图

唐忠汉

近境制作设计总监

设计理念：我们的设计源自于对生活的热情，在我们的系列作品中，透露着强烈的地域色彩和完整的室内概念。以材质承载情绪，以光影记录时间，以最真诚的人文精神，诉说空间故事。

对话设计师

Q：提问
1. 现代风格最大的特色在哪里？

A：解答
现代风格的特色在于一种本质化的设定，去除了符号与多余的装饰，空间的本质才能够体现出来。然后透过材料、光线以及空间内外的互动，营造舒适的生活情境，贴近使用者的需求。

Q：提问
2. 现代风格在设计上有哪些要注意的？

A：解答
材质的运用，比例的掌握，光源的安排以及空间的整体布局都是非常重要的部分。细节部分，比如简约阴影的呈现，造成的一个单纯化的部分，利用最少的线条创造出最丰富的表情，这是在做造型时比较重要的概念。在整个动线的安排上，我觉得它有一种隐藏轴线的韵律，透过这些隐藏的轴线，让人的视觉及感受可以回归到更清晰的感受之中，一种说不出来的感情以及这种韵律、规划，让人觉得安定、舒适。

Q：提问
3. 最能体现此种风格的软装是什么，这种产品应该有些什么样的特质？

A：解答
软装的呈现不单是生活场景，它必须是某种意境上、哲学上的概念，比如一幅画，它的位置可以连接整个空间的精神，透过物件美学上的连接，让空间能够得到完整性的连贯。

Q：提问
4. 国外的现代风格和国内常见的现代风格空间，有什么样的差异？

A：解答
我觉得差异还是体现在生活、文化上，在国外看到的现代家具可能有更多的艺术在里面，是一种高度的美学积淀。国内的室内设计应该多提升生活层面，以及艺术性表达，以取得更大的突破。

A：解答

在设计中有很多的故事，有业主的感情，还有很多人和事，都给我们留下印刻的印象。我们也在设计的探索过程中有更多机会去接触不同的人、事、物。平时也常有机会去全国各地以至世界各国游历，如昆明、成都，以及法国、迪拜等以前没有想过会去的地方，因为设计引发的旅行，这些旅行体验都给我留下了深刻的印象。去年有机会去意大利拜访了几个著名的酒庄，体会了当地的建筑文化与葡萄酒文化，让生活的层次得到了提升，也能为今后的设计提供设计灵感。

Q：提问
5. 居住空间要形成现代风格，要如何规划？

A：解答

要先从人开始思考，你必须清楚的知道业主真正的需求，让空间的配置真正贴近生活需要、满足生活需求。比如业主有时候会要求提供更衣室、房间数量，他们会有一定的想法。

Q：提问
6. 现代风格家居，对使用者的生活有何影响？

A：解答

贴近生活，让家成为一个可以让自己放松的地方，而不是一个炫耀成就的场所。现代家居可以让一个人沉淀，回归到生活的层面上。

Q：提问
7. 设计过程中，应该如何保持设计理想与现实之间的平衡？

A：解答

设计者本身要有足够的阅历，只有当你理解了业主的需求时，你才可以提供更好的方案以满足对方的期待。这使设计者要具备的能力，不再局限于自己的概念的形成。设计者应该多方面的接触，提升自己的实力。

Q：提问
10. 推荐几个您欣赏的设计师和几本优秀的设计类图书吧，为什么是他们而不是其他人呢？

A：解答

设计师：国外的团队SCDA，他们做出来的空间跟我们所追求的方向非常接近，所以我喜欢他们的设计风格。日本的建筑大师安藤忠雄，我觉得都是我们值得学习的前辈、大师。
《建筑十书》《弱建筑》《How to See》《现在之外：谢德庆生命作品》等，我觉得这些书可以让设计者从不同的领域去探索，让设计者有不同的体验。

Q：提问
8. 现代风格的精神是什么，一般人可以自己打造吗？

A：解答

我认为现代风格的精神在于本质的形成，对空间的认知，对生活的认知，对于人的行为。这些东西回归到最原始的最直接的需求层面，然后转换成一个比较简约的、有力量的表现形式，这样所表达出的精神我认为才是现代风格所要传达的部分。
每个人对空间的体会不同，运用的层次的感官不同，那么在技法上可能需要磨练及累积的过程也不同。就像一个厨师的养成，他也是需要经过严格的训练及多方面的尝试，才有机会做出有创意有特色的菜肴。我觉得设计师也像一个主厨，他必须浸泡在这样的一个环境里，他必须投入地思考。所以我认为一般人想要达到这样的目标比较困难，就像我们第一次做不可能达到非常完整完美的效果，只有经过不断地练习，不断地尝试，以及长久的累积与反思，才能找到空间设计的关键点，以及有效的呈现方法。

纵观 / 场景

设计公司：近境制作
设计师：唐忠汉
摄影师：KyleYu
面积：549 平方米
主要材料：石材、铁件、玻璃、镀钛、
不锈钢、钢刷木皮、盘多磨

设计说明

刻意将量体运用穿透或局部开放的手法，除了虚化量体给人的压迫感，更让视觉得以在各空间中串连继而延伸。透过量体的穿透，观察外在自然环境，于是环境、光与影，因着有形的构物随之变化，带来不同的生活体验场景。

场景/ 梦想启动
空间的氛围来自于生活的需求，梦想着一辆象征品位的古董车，拥有宴会需求的大长桌，呼朋引伴，品酒长聊。虚化的层架，陈列着收藏也包含记忆，对于音乐的热情及影片赏析的爱好。看似各自独立的区域，却又连贯而紧密相关，梦想从此刻启动。

场景/ 贴近自然
纵目远观，一目全然。以空间为框，取环境为景，形成一种与存在共构，与自然共生的和谐状态。这是我们所能理解的生活形态，是基于环境及基地条件，运用建筑手法与自然环境产生关系的一种生活空间。

场景/ 休憩停留
自然环境的色彩来自于光线，空间场域的色彩来自于素材。运用材料本身的肌理及原色，赋予造型新的生命。透光光线与环境融合，刻意散落的浴室布局，营造一种随意轻松的氛围，借此洗涤心灵，得到沉静。

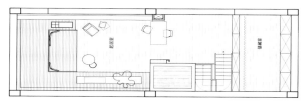

四层平面布置图

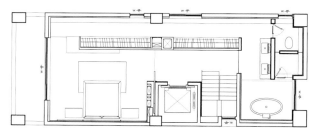

三层平面布置图

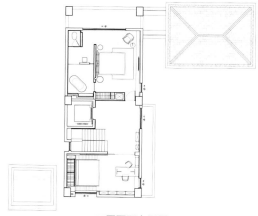

二层平面布置图

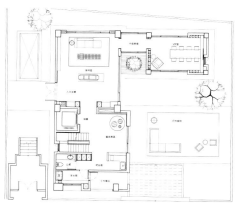

一层平面布置图

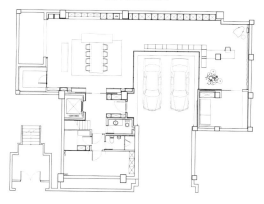

负一层平面布置图

场景/ 场域延伸

运用实墙或量体交错的手法，由主卧室进入主浴的
过程，因着量体的置入，除了赋予实际的功能，也
巧妙地区隔空间的形态，形成廊道空间亦为更衣空
间。借由不同的空间分配的可能性，界定了场域也
活络了人于空间中的动线。

场景/ 秘密基地

顶楼的空间在童年的记忆里是神秘而充满幻想的阁
楼。拾级而上，一步步将所有的梦想及记忆真实
地呈现在生活的场景之中，或坐或卧，或阅读或小
憩，形成家的另一个小天地。于是，梦想终将完美
实现。

孙建亚

上海亚邑室内设计有限公司创办人
中国室内装饰协会设计专业委员会委员
PINKI EDU 品伊国际创意美学院梦想导师

2015年 TID台湾室内居住空间类/复层设计大奖
2015年 Best100中国年度最佳设计
2015年 IDC "金外滩奖" 年度最佳设计奖
2014年 国际传媒奖年度居家空间金奖
2014年 IAI设计优胜大奖
2014年 艾特奖•上海 最佳别墅设计优秀奖
2014年 CIDA•中国室内设计大奖别墅豪宅金奖
2014年 CIDA•中国室内设计大奖住宅空间金奖
2013年 艾特奖•上海 优秀提名奖
2013年 艾特奖•上海 最佳别墅空间金奖
2013年 艾特奖•上海 最佳住宅空间金奖

对话设计师

Q：提问
1. 现代风格最大的特色在哪里？

A：解答
现代风格并不等同于简约风格，但有相同之处。最主要体现在满足正常的使用机能，同时保留有时代感、流行性，并且结合当代科技、材料、审美取向来表现的整体风格。当然我们也能说是一种偏简约的风格，与我们时代背景主流喜好契合。

Q：提问
2. 现代风格在设计上有哪些要注意的？

A：解答
现代风格在设计上如同上面所说的。要有时代感、简约性等特点，这些特点主要表现在造型风格的一致性、材料的协调性、设计创意的可能性、空间的留白和打破常规的突发奇想之上，并且能结合现代化的各种工艺和材料，打造出有时代感的作品。

Q：提问

7. 设计过程中，应该如何保持设计理想与现实之间的平衡？

A：解答

对于作品的完成度除了要对预算的理解控制外，还要掌握各种工艺、工法、材料等的运用，这是比设计还重要的一门功课。

Q：提问

3. 最能体现此种风格的软装是什么，这种产品应该有些什么样的特质？

A：解答

因现代风格本身就没有太大的局限性，在软装的搭配上也是跨风格、跨国界的，甚至是跨时代的。如现在国际最流行的是混搭风，业主可随意地选择有时代感、设计感的家具，也可搭配上富有历史感的收藏品，以及旅游时从各国收集的各种装饰品。这样演绎出来的是一种独特的国际风格。

Q：提问

4. 国外的现代风格和国内常见的现代风格空间，有什么样的差异？

A：解答

国内的室内设计还停留在过度装修的时代，但在彰显财力的同时已慢慢向精神生活层面靠拢，也就是减少华丽、注重生活品质。而国外，对硬装的要求相对较低，主要用软装配饰、艺术品等的搭配来美化空间，比较注重环保和与大自然的接触。

Q：提问

5. 居住空间要形成现代风格，要如何规划？

A：解答

除了减少空间多余的造型线条外，把所有暴露在外的机能尽量隐藏，柜体与墙体嵌平，线条对齐，材质统一，减少过多的装饰面，增加吊顶的平整度。

Q：提问

8. 现代风格的精神是什么，一般人可以自己打造吗？

A：解答

除了要懂一些美学、色彩搭配、三维空间、材料运用、工程理解、预算控制、施工图绘制，其余都不难。

Q：提问

9. 在您的设计职业生涯里，有什么难忘的经历吗，能否分享一下？

A：解答

建筑外观和室内一起设计的案子，对于国内的室内设计师来说是一个比较难得的经验。掌握好室内外的关系，打破建筑常规，模糊空间的尺度和接口，是能打造出一个令人非常兴奋的作品。

Q：提问

10. 推荐几个您欣赏的设计师和几本优秀的设计类图书吧，为什么是他们而不是其他人呢？

A：解答

Tony Chi、Jaya Ibrhim、Kerry Hill 这几位都是当代设计的巨擘，能精准而自然的融入当地文化历史，让当代设计表现出高度的文化深度与厚度。

Q：提问

6. 现代风格家居对使用者的生活有何影响？

A：解答

当看尽外面的花花世界回到家中，现代风格家居整齐的线条较能让人视觉放松，并且好收纳打理，没有压力。

设计公司：上海亚邑室内设计有限公司
设计师：孙建亚
面积：650 平方米

华侨城10号院D户型样板房

设计说明

空间的灵魂与境界，是可以创造的。

"光"与"影"，看似虚无，却可以赋予建筑和空间真正的魅力。当你走出繁华而喧闹的城市便会发现，空间是对生活方式的一种超越，也是设计师用心创造出来的。

本案是一栋富有文雅气息的独立别墅，尽显奢华禅意的风格。气质是透过眼睛传达出来的心灵悸动，当光和影在空间中交错更迭，空间随着视线的角度变化，变得宁静而自然。日光，毫无遮掩地穿过窗框和玻璃照了进来，华丽地穿越客厅的石墙，停在客厅金属与粗犷石材相互融合的装饰墙上，这就是开阔的挑高厅堂带来的视觉盛宴。这就是本案设计师用现代手法提炼出的自然之韵。

生活的品质在于取舍之间，太极里的"定"、"随"、"舍"，"定"即定空间的格局，"随"即随意境而心定，"舍"即舍繁留简，也是此空间的设计灵魂。

楼梯：在空间中楼梯就像连接两种美丽风景的桥梁，拾级而上，场景与心情随着轻快的步伐而转换着。设计师在楼梯底面设计了两条灯带，灯带沿着楼梯弧线，自然地旋转出一段优美的轨迹，让人有种飞翔的感觉，这就是光的魅力。

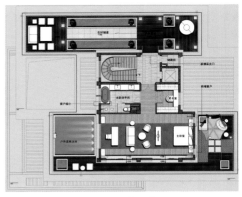

三层平面布置图

二层平面布置图

一层平面布置图

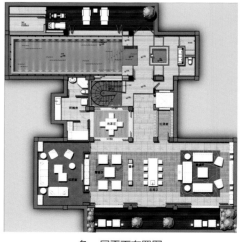

负一层平面布置图

主卧书房：设计师运用装饰技法把建筑梁、窗户和两边书柜，甚至户外露天水池，融合成一个整体。气息浓烈的墙面麻布硬包、休闲沙发及单人椅组合成一个轻松的书房环境，又因户外水池而多了一份"海"的意境。

卧室：自然、和谐、宁静、舒适的卧室延续了公共区的设计风格，表现出开阔空间的舒适感。自然的木饰、柔美的灯光，于无声无息中被一扇玻璃窗贯穿室内外。

地下室：相比卧室的宁静和自然，地下室的空间更显低调奢华。与其说是地下室，不如说是独立式开放空间，沿着楼梯往下走，和室、雪茄吧、影音室和独立开放式会客区形成一个非常完整而动线流畅的休闲空间。其中，和室空间，在灯光的烘托下，时而开放，时而封闭，让空间很舒畅地变换着，显得特别恬静。

室内游泳池：透过玻璃墙可以看到，室内游泳池被一条下沉式庭院走廊包围着，吊顶深色的木材，衬托出浅色的泳池空间，营造出华美大气之感，有奢华，更有享受。斑驳的墙面，梦幻般地被顶灯、壁灯照亮。池边烛光倒映于水面，摇曳生姿。

意境，是可以创造的，至少对于一个执著的设计师来说是这样的。

晨纬室内装修有限公司团队介绍

二十年来始终秉持着诚信、热忱、专业的服务精神，打造无数美好空间，创造无限美丽生活。自开创以来,一直坚信建筑、室内设计是一项幸福工程，而有心经营的人只有秉持"共好"的心念，才能创造出人己共利的圆融幸福事业。为确保质量作业高标准，通过ISO 9001质量认证的高规格作业方式，确保能提供给客户更有保障的装修服务。专属的客服部门，在设计与施工过程中提供贴心服务和完工后的售后服务等，让消费者在选择设计公司时可以有信赖的品牌。致力于"无毒居家安心计划"，为客户打造健康无毒的安心居住环境！

Q：提问
1. 现代风格最大的特色在哪里？

A：解答
舍弃繁复的线条，回归物体最单纯的本质，运用几何的手法，搭配材质最原始、纯粹的色彩，摒弃过多的修饰，呈现空间最干净的样貌。

Q：提问
2. 现代风格在设计上有哪些要注意的？

A：解答
在软装的搭配上要避免过于繁杂，贯彻"少即是多"的设计理念。家具与设计的呼应极为重要，无论在配色或是线条的走向上，都应该一致。材质的选择也应趋于本质的运用，纹路的延展、肌理的呈现都是现代风格空间设计要注意的事项。

对话设计师

Q：提问

8. 现代风格的精神是什么，一般人可以自己打造吗？

A：解答

简约、纯粹、利落，一般人也能自己打造。但在配色与搭配的软装上，往往单看一个物件的性质却忽略掉整体性，是打造中最容易出现的问题，拥有现代风格元素的单一物件，并不能成功地表现出现代风格的味道，完整的规划，才是最费心力的环节。

Q：提问

3. 最能体现此种风格的软装是什么，这种产品应该有些什么样的特质？

A：解答

"木质石感"运用天然的木纹，粗犷的石材纹路等，回归素材最单纯的样子，结合设计的美学规划，减少人工的雕琢，呈现出最自然的风貌就是现代风格的精随。单纯的线条是现代风格的代表元素，在软装设计上往往不会太过繁复，既符合生活机能，亦点缀空间。

Q：提问

5. 居住空间要形成现代风格，要如何规划？

A：解答

舍弃过多的既定想法，如：书房的必要性？在有限的空间中，使空间看起来单纯，不会过于繁琐是现代风的定律，所以取舍是很重要的！空间的规划、颜色的控制、比例的搭配等，都是设计者必须考量的面向。

Q：提问

6. 现代风格家居对使用者的生活有何影响？

A：解答

在繁忙的步调之下，回归最单纯的本质，放慢身心的步调，享受着生活的纯粹，在符合机能却不显繁复的空间中体验设计带来的便利与简约。

Q：提问

4. 国外的现代风格和国内常见的现代风格空间，有什么样的差异？

A：解答

国内的空间不若国外般宽敞，设计要充分考虑生活机能，在有限的空间中进行规划，再加上生活习性的差异，使许多动线上的考量也需运用不少巧思。

Q：提问

9. 在您的设计职业生涯里，有什么难忘的经历吗，能否分享一下？

A：解答

创业初期的时候，有一个客户与我们联系，在有限的预算下，着手规划起她梦想中的第一个家，而客户慢慢的成长与蜕变，我们也不仅仅见证着，仿佛也参与其中，一种情感的传承及延续，让设计更多元，把"家"定义在信任及情感之中。

Q：提问

7. 设计过程中，应该如何保持设计理想与现实之间的平衡？

A：解答

在理解使用者的想法之后，整合出设计的发想，应适时的调整双方的步调，过于偏于设计往往流失最真实的温度，过于偏往机能又不免流于形式，所以"取舍"是两者间最需平衡之处。

Q：提问

10. 推荐几个您欣赏的设计师和几本优秀的设计类图书吧，为什么是他们而不是其他人呢？

A：解答

梁志天设计师。在香港的环境中，作品的多样性如设计图库般让人惊叹，因文化和历史的缘故，中西融合的设计赋予更多素材不同的可能性。

弛放光邸

设计公司：晨纬室内装修有限公司
设计师：曾鸿霖
参与设计：杨瑷璘、张佑纶、陈建良
摄影师：岑修贤
面积：132平方米
主要材料：黑橡木、胡桃木、烤漆、灰镜、
天然矿石、皮革
资料提供：OPEN Design（http://www.openworld.

设计说明

如果每个空间都是一首旋律，
那这个家应该就是一曲忘情的沙发音乐。
随着时序律动、光影变幻、材质交织与错落，
让压抑的身心也随之起伏、漫舞，终而获得释放。
在黑暗混乱的时代，迷失的心更需要找到出口，
将弛放的心灵冻结在那美丽的片刻，沉淀，然后出发。

设计在有限的空间下规划出了符合使用机能的格局，开放式的客厅与餐厅串联起天花的轴线，使特殊用色的光沟延展，让视觉产生震撼！穿透性的书房运用材质划分空间区域，却并无逼仄之感。空间无论材质搭配，还是色彩的搭配都极具巧思。基底的黑白灰，搭配皮革的褐使空间的质感瞬间脱颖而出，结合现代与时尚的元素，将空间的韵味升华出来。

因业主的工作需要，在主卧的设计上特地规划出办公桌的区域，而壁面的运用，则完美地解决了收纳的问题。

平面布置图

方磊

ONE HOUSE壹舍设计首席设计总监
ONE LIFE DESIEN软装设计机构创始人之一、首席设计总监

2014年上海年度别墅大奖/年度最佳户型
2013年美标杯最佳售楼处/办公空间银奖
2012年金堂奖最佳办公空间
2011年中装协十大别墅空间奖

设计理念：设计师思维是感性与理性的结合，设计工作实际是表里不一的呈现，外表视觉与内里工序合二为一，自然、艺术与人文的结合将提升设计事物的敏锐度，达到美观和实用共存。

对话设计师

Q：提问
1. 现代风格最大的特色在哪里？

A：解答
现代风格可以理解为一种多元的风格，它可以是后现代，也可以是极简主义，但本质都是抛开外表的浮华以显露设计原本的特性，由简约的形象符号来构筑空间；在设计结构上，重点体现结构逻辑，精简结构构件，构筑没有屏障，或屏障极少的建筑空间。以简洁的表现形式来满足人们对空间环境最本真的需求，并通过材料的质地和室内空间形成更轻松的建筑体系。

Q：提问
2. 现代风格在设计上有哪些要注意的？

A：解答
设计以人为本，任何风格都离不开所定义的主角，建筑、景观与室内空间有着紧密的互动关系。就现代风格的室内设计来说，则是要空间开敞、内外通透，更多地推敲设计细节，避免在空间风格塑造过程中，因元素过多而忽略设计细节。越简约的设计越难做，就像我们公司（One House）会更注重空间立面的取整处理及材料之间的细节衔接。

Q：提问

3. 最能体现此种风格的软装是什么，这种产品应该有些什么样的特质？

A：解答

一定是相对简约的，是某种抽象的点、线、面的结合。软装物件不是简单的堆砌和平淡的摆放，重点体现"少即是多"的精简特质。

Q：提问

4. 国外的现代风格和国内常见的现代风格空间，有什么样的差异？

A：解答

首先国外的设计师可能会更注重人文、功能及空间关系，然后再进一步进行立面视觉及材料处理，而国内的一部分设计师可能会受市场因素及业主方的影响更多地注重立面的效果，如何能强有力地打动别人，当然强烈的视觉冲击力很重要，但一味的追求立面效果而忽略设计本真，其意义会相对失衡。另一方面区别较大的是国外的设计师大多为建筑院校毕业的建筑师出身，专业范畴是基于建筑的基础上宏观地考虑设计，国内的设计师划分为建筑和室内设计师多种，考虑的设计点相对单一，所以引申到现代风格上来说国外的设计师可能会处理得更精简，国内的手法则相对保守。

Q：提问

5. 居住空间要形成现代风格，要如何规划？

A：解答

居住空间作为"家"，它是一个很私人的空间，家庭的不同成员结构、不同年龄层次，以及多元的喜好都构成对不同空间的架构，空间规划要在满足功能性的前提下让空间更开阔，要有更直观明了的入户方式，清晰的人员动线关系，更要让各空间之间形成强有力的互动关系。我个人更习惯用建筑的思维去考虑室内空间规划，外部的风景是否能够延伸至室内，以及空间平面与立面处理尽可能简约，空间组织不以房间组合为主，空间的划分也不局限于硬质墙体，而是更注重会客、餐饮、学习、睡眠功能空间的逻辑关系。通过家具、吊顶、地面材料、陈列品甚至光线的变化来实现不同功能空间的划分。

Q：提问

6. 现代风格家居对使用者的生活有何影响？

A：解答

对使用者来说现代风格家居有较强的实用性以及舒适性，而且其环保价值和造价构成也比其他繁琐的家居风格更具优势，居住空间不同于商业场所，轻松舒适更为重要。

Q：提问

7. 设计过程中，应该如何保持设计理想与现实之间的平衡？

A：解答

由于设计过程中所处的相关环境和使用者等因素各不相同，因此设计师既要考虑建造费用，又要处理好与委托方理念上的冲突。我个人往往会在条件允许下做相应的坚持，但如果受现实状况约束会做相应妥协，但核心设计精神不会改变。

Q：提问

8. 现代风格的精神是什么，一般人可以自己打造吗？

A：解答

最直观的可以理解为简约的、更人性化的、精神与物质兼容的。它也可以是很多元的，如后现代摩登、经典包豪斯、新亚洲主义、极简主义等，我想每个设计师对现代风格都有不同方式的理解，所谓"一般人"对其理解也会更加多元化。

Q：提问

9. 在您的设计职业生涯里，有什么难忘的经历吗，能否分享一下？

A：解答

从业多年，难忘的经历很多，最让我难忘的是曾经一个方案想了两天都没有想出好的解决方法，而是在夜晚的梦境中找到了解决方法，然后第一时间从床上爬起来将所梦到的想法记录下来，最终得以实施，自然开心难忘。

Q：提问

10. 推荐几个您欣赏的设计师和几本优秀的设计类图书吧，为什么是他们而不是其他人呢？

A：解答

欣赏的设计师：Carlo Scarpa、David Chipperfield、妹岛和世、贝聿铭，他们注重空间、建筑与环境之间的关系，热爱建筑，更注重于打造空间。
推荐图书：《安藤忠雄论建筑》（安藤忠雄）、《透明性》（柯林·罗）、《Interior Design》（美国版）。

象屿地产上海陈春路样板间

设计公司：ONE HOUSE 壹舍设计
设计师：方磊
参与设计：周莹莹、李文婷、高佳慧、赵子珺
摄影师：罗文
面积：96 平方米
主要材料：烤漆板、马来漆、镜面不锈钢镀古铜、明镜、氧化紫铜、灰色石材

平面布置图

设计说明

一位摄影师曾讲过，世界上所有的颜色搅在一起，最后得出的颜色便是灰色。因此，灰色可以做一切颜色的底色，反过来也可以理解成所有的颜色都出自于灰色。如果说世界的本质是灰色的，那么其他色彩大抵都是代表着某种现象。

本案正是以灰色为底色，着力表达设计的本质，以精美材质为肌肤、灵动线条为骨架，融入稍带一些神秘主义的复古风潮，试图产生共鸣，带来一种耳目一新的设计概念和居住模式。

室内硬装在整体造型上去除繁复冗长的雕琢，运用简洁的空间线条，打造纯粹而有个性的设计空间。空间以洗练纯净的白、高贵典雅的灰为色彩主调，明镜、烤漆板等材料的运用打破了小户型传统沉闷的格局，使空间的层次感、穿透性大大增强。

空间规划上客厅与餐厅无隔断分隔，使公共区域更为宽阔，强调人与人之间的互动。造型简洁的镜面护墙板，既划分了客餐厅区域，又形成了一定的视觉景深。

软装设计上，客厅沙发的主色调融合了硬装灰色和白色两大色调，用鲜明的黄色抱枕点缀其中，并与墙上的装饰画形成对比。体型硕大的黄色落地灯，个性的艺术摆件，描金的茶几和金色矮凳为空间增添了几分轻奢感。

餐厅野性十足但细腻耐久的皮革餐椅，搭配线条复古造型简洁的个性餐桌，别具一格的白色枝形吊灯，以及造型摩登的高脚杯，无不闪现着艺术的灵感。

主卧粗犷的水泥肌理马来漆与复古的床头背景对比，色调鲜艳的衣柜其质感与白色烤漆护墙板相呼应，其色调又与灰色墙面强烈对比。当代艺术被融入到饰品、挂画、家具细节等各处，通过各种样式的组合搭配，形成强烈的视觉符号转换到空间中。别出心裁的Moooi落地灯，既可以作为床头边几也可以作为落地灯，每一件家具都以其创意的造型与整个室内空间在形式上取得协调，在质地上又有刚柔对比的特殊效果。整个空间集合了生活的巧思、素朴的质感、信手拈来的生活趣味，只为打造一场形色盛宴。

次卧大面积的灰色烤漆护墙板，明快而具有整体感，简洁的表达了大块面的结构关系。在软装搭配上，设计师竭力还原空间本质，用颜色营造氛围，将卧室的舒适功能和艺术品位融汇，将复古摩登元素带入空间，追求细节的微妙触感，描金通透的衣柜，黑白条纹的床背搭配黑白的床头边几，空间被赋予了变化的层次，用细节打动人心。

"形式不是唯一，创意才是根本"。介于黑与白之间的灰，以其乍暖还寒的温度，成就了一个空间的冷静气质与精英品位。然而我们世界在我们眼中是什么颜色的，取决于我们的心，当摩登与时尚碰撞，前卫遇到创意，几十度灰？

苏河湾公寓样板间A2户型

设计公司：ONE HOUSE壹舍设计
设计师：方磊
参与设计：葛诚云、马永刚、廖宇花
面积：150平方米
主要材料：橡木染色、拉丝不锈钢镀古铜、
钢化清玻璃、哈雷米黄大理石

设计说明

本案位于上海苏州河畔，是一个150平方米两房两厅的现代风格空间。设计以减法的生活态度，在去除繁复的过程之中寻找最初的本质，开放式格局的客餐厅和厨房、更衣间及主卧，因无间隔的设计而彼此串联，透过不同材质及天花区划，做出隐性空间界定，放大空间尺度。

客餐厅利用铁件玻璃推拉门区隔厨房和餐厅，当玻璃门开启时，空间彼此串联，当玻璃门关闭时，仍能保留空间穿透感，搭配灰色大理石铺陈的吧台，让餐厅区域多了轻食的机能，也让空间利用变得更灵活。

主卧大片的落地窗，将城市夜景及苏州河景延引入室，室外柔和的光线和优美的风景透过轻柔的纱帘进入室内，营造出静谧的寝居氛围。电视墙一墙两用既可进行空间划分，也让开放式的梳妆间独立的存在于此。

主卫则采用开敞式的布局方式来弱化建筑结构采光不足的缺点。玻璃隔间创造出了更为开敞的空间，而其间穿插的短墙又很好地保护了区域隐私，产生似透非透的空间趣味。空间的相互渗透与交叠，成就了这处舒适的疗愈起居空间。

平面布置图

原始平面布置图

林冠成

KSL设计事务所董事长/首席设计师
高级室内建筑师
NLP国际导师

2014年荣获第五届筑巢奖公众媒体关注奖住宅空间最高奖金奖
2013年荣获第八届设博会2012—2013年度"十大最具影响力设计师"
2012年荣获第十届现代装饰国际传媒奖"年度精英设计师"大奖
2012年艾特奖最佳会所设计作品提名奖（获奖作品《惠州高尔夫会所》）
2011年带领KSL设计团队荣获"深圳十大设计团队"称号

设计理念：设计来源于对生活的热爱和追求。

对话设计师

Q：提问
1. 现代风格最大的特色在哪里？

A：解答
个人认为没有所谓的"现代风格"。如果一定要给设计定义为"现代风格"，那么符合现代人类物质、精神需求的都是现代风格。

Q：提问
2. 现代风格在设计上有哪些要注意的？

A：解答
在功能布局上应满足人的生活需求，使空间使用更加方便；设计必须因人而异，根据每个业主的生活习惯、性格、爱好来打造个性化空间。

Q：提问
3. 最能体现此种风格的软装是什么，这种产品应该有些什么样的特质？

A：解答
现在城市房子普遍空间有限，在家具上以尺度适宜、舒适且不占空间的家具为主；至于风格则根据空间颜色搭配，尽量不要出现太多材料和色彩，"人"才是空间的主角。

Q：提问

4. 国外的现代风格和国内常见的现代风格空间，有什么样的差异？

A：解答

差异在于人的心里对物质和精神需求的不同。

Q：提问

5. 居住空间要形成现代风格，要如何规划？

A：解答

居住空间应实现人与自然的融合，注重自然采光与通风。除了基本的功能需求外，不需要过多的装饰。

Q：提问

6. 现代风格家居对使用者的生活有何影响？

A：解答

家是休养身心的地方，应把不属于生活的一切都去掉，让心灵得以放空，情感得以升华。

Q：提问

7. 设计过程中，应该如何保持设计理想与现实之间的平衡？

A：解答

设计理想与现实本来就是阴阳两面，根本分不开，如果脱离了现实，那么空间设计只是一个艺术品或一幅画，并不是一个使用空间。

Q：提问

8. 现代风格的精神是什么，一般人可以自己打造吗？

A：解答

符合每个业主的使用需求、生活习惯，以及体现业主本身性格与爱好，就是设计的精神。隔行如隔山，建议找专业设计师为其打造居住空间。

中洲中央公园11-B02样板房

设计公司：KSL 设计事务所
设计师：林冠成
面积：153 平方米
主要材料：黑檀木、加拿大木纹、黑钢、玉石、夹丝玻璃、墙纸、皮板

设计说明

后现代主义风格的室内设计擅长将众多具有隐喻性的视觉符号融入作品，带给人耳目一新、魅力持久的高品位居住体验。本案将欧式贵族的奢华元素与后现代主义的抽象符号完美融合，强调视觉象征意义的同时突显文化的积淀性和历史的深沉感。设计师有意识地利用光、影、色营造空间的通透感，强调空间的装饰性和环境的隐喻性，打造出多元风貌并存的居住空间，传达人们对自由和个性化的追求。

客厅：丝绒沙发和水晶吊灯的搭配将欧洲古典主义元素重新吸收提升，而抽象艺术装饰画又将后现代主义的时尚文化理念彰显出来，这里有传统与现代的碰撞，更有自由与个性的全新风尚，经过设计师的孕育、融合、诠释和不断创新，创造出的居住环境不乏经典更显魅力。

餐厅：开放式的餐厅与客厅格调保持一致，欧式的浪漫元素蕴藏于水晶灯、烛台和银质餐具之中，如此优雅的就餐环境极适合一家人围坐餐桌共享天伦。

书房：以点、线、面来诠释后现代的抽象美，深沉的色调适合营造安静的氛围，办公桌椅现代感十足，书架内隐藏的灯饰极具创意，不但补充了光源，更成了别致的装饰物。

卧室：卧室选用金褐色作为主色调，彰显业主的成熟与稳重，紫绀色的点缀，为空间增添了些高贵与典雅。

平面布置图

中洲中央公园二期10-A01样板房

设计公司：KSL 设计事务所
设计师：林冠成
面积：178 平方米
主要材料：镜钢、灰梨木、木地板、
布莱玉、洞石、墙纸、皮板

设计说明

本案以色彩诠释时尚现代的意式风格，知性稳重的高级灰、透明辽阔的深蓝配以明朗积极的柠檬黄，看似冲突的三种色彩搭配在一起产生奇妙的视觉效果，让人联想到文艺复兴时期的意大利，严谨而浪漫，雅致而内蕴。简洁的线条与规整的家具相互衬托，整个设计将古典主义风情融入现代生活，弥漫着古罗马的理性色彩和人文关怀。空间氛围的营造手法洗练而精准，充满理性与智慧。

客厅：中性的灰色调中不时跳出鲜艳的柠檬色抱枕和花艺，整个空间简洁明了，干净的线条和几何图形的多次出现彰显着理智的味道，现代而深沉。以色彩变化划分功能空间，精巧而贴切，使空间极富逻辑韵味。

书房：高级灰与柠檬黄组合所产生的神奇效果在书房里尽情绽放，以国际流行的构图手法将中国传统元素融入室内设计，融现代的律动与中式的沉稳于一体，不乏潮流感与新潮范儿。

卧室1（有地毯）：简约而不简单的设计让抽象与具象融合，现代与复古叠加，玛丽·莲梦露的人像画带来别样风味。

卧室2（无地毯）：深色木质地板让空间略显沉静。不规则拼接的艺术画框色调协调又充满设计感。床头柜的设计独具创新，几何镂空的柜体兼具装饰与储藏功能。

儿童房：条纹壁纸、卡通装饰画与趣味床品，迎合了儿童的审美需求。飘窗设计极为巧妙，兼具书桌功能。

平面布置图

设计公司：Slade 建筑师事务所
设计师：James Slade、Stephanie Wang、
Steven Lazan、Jaff Wandersman、Nancy Hou
摄影师：Jordi Miralles
面积：300 平方米

格林街阁楼

设计说明

该项目是工业时代的阁楼空间，面积300平方米。为了突出工业时代的特点，提升空间的采光度和景观视野，设计师保留了这种通透的前窗和后窗的设计。

该项目包含三个较高的独立隔断，第一个隔断是铝制书架，用来陈列业主珍贵的收藏品，并以之将起居室、餐厅、厨房与书房区隔开来。书架面向起居室的一面，专门用来摆放主人的收藏品，而面向书房的一面，用来摆放图书等阅读物。第二个隔断在书桌后面，面向书房和书房另一面的衣帽间（即第三个隔断）。两扇隐藏的门将走廊与这两个隔断分开。第三个隔断即是步入式衣帽间，穿过衣帽间是主卧房。卧室卫生间建造在高40.6厘米的粗糙石台上。主卧与其他两个卧室相独立，并由滑动墙板隔开。这样的设计在很大的程度上保留了空间的通透性和功能性，并将不同的空间相互联系在一起。

南侧的走廊依次通过起居室、书房、衣帽间、卫生间和主人卧室。沿着走廊两侧不断延伸的墙，摆放着两个上漆的箱子作为展示架和储物空间。北侧的走廊为半开放式，连接餐厅、厨房、书房与客房。北侧高高的层压板墙将储藏空间和公共空间，如盥洗室、客用卫生间和空调机房以及安全出口很好的隐藏起来。两面嵌板组成的旋转门将卧室区与安全出口相隔离。每一面墙都是由压层板制成，并有着不同的质地和纹理，光滑的，有金属感的，有图案的，质感十足的，或仅仅是白色板面。远远看去，这墙面仿佛是不断延伸的白色平面，增强了空间的延展性。精致的压制纹理和抛光面塑造的视觉效果，很难用图片描绘，但置身其中，却十分具有力量感。

浴室设计巧妙，在主卫中放置着一座大型浴缸，隐藏在柚木地板之下。在淋浴区，打开柚木地板，巨大的浴缸就展现出来。盥洗室的内壁镶嵌着热情的红色光滑瓷砖，色彩丰富。客用卫生间在消防楼梯旁，其室内设计使用了四种不同灰度的绿色马赛克进行装饰，设计风格与楼梯一致。主卧的床头板被设计成一整面柚木板墙。亮橙色的漆制板架镶嵌在床头板上，并可以根据主人的需要改变位置。所有的家具和家居用品皆为设计师亲选。在起居室使用了定制丝绸地毯，地毯的颜色从边缘的蓝色过渡到中间的银色。在书房则使用了橘色丝质地毯作为装饰。设计师为聚会和娱乐之用特别定制了一张可以同时容纳20人的木桌，并与窗户平行摆放。坚固的桌面被吊装到两个定制的黑色钢制桌腿上。

设计师保留了原有的地板，产生一种怀旧气息，与现代装饰形成强烈的对比。厨房上层橱柜的门采用结实的亚克力材质。橱柜台面采用大理石，与通往卧室的大理石楼梯风格相呼应。下层橱柜材质采用了不锈钢。厨房中岛整体采用了亚克力材质，使用大理石做台面，内部采用了不锈钢结构作为支撑。

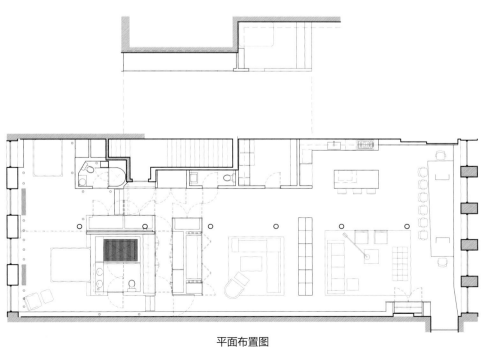

平面布置图

设计公司：深圳市矩阵室内装饰设计有限公司
面积：580 平方米
主要材料：黑镜钢、孔雀蓝玉大理石、霸王花大理石、皮革、实木地板、玫瑰金拉丝不锈钢、贝壳马赛克、地毯、烤漆板

重庆万科城LP6别墅

设计说明

整体的功能分区动静分明，流线畅然。负一层娱乐派对区，整层互动开放；一层为休闲起居区，二层为学习、休憩区，落落大方的格局组合，让生活更加从容，也演绎出了精致而丰富的现代精英生活，值得向往。

干净而凝练的表达，有力却不失细节和质感。同色系、同纹理的组合，在冰冷的空间中，注入温暖的语言，散发现代都市新贵的尊贵气质。在材质和色彩的搭配上，十分考究。尼斯木立体的纹理搭配黑镜钢，再配以鳄鱼纹理的绒布硬包，低调干练，传达空间之精致。

低调奢华的空间，用现代简洁的手法表现。

设计师：Irina Dzhemesyuk、Vitaly Yurov

巴黎公寓

设计说明

"巴黎公寓"项目位于巴黎历史悠久的中心区，由乌克兰设计师Irina Dzhemesyuk 和 VitalyYurov担任室内设计。

在这座极具历史感的建筑内，设计师保留了其独特的风格，同时又加入了很多现代元素和造型。

空间的基色由暗色系组成，这种选择在巴黎的住宅室内设计中不常见，在这里却成为家居装饰的最佳背景。设计师使用具有贵族气息的黑金花大理石、黑色高光、暗色玻璃、古香古色的黄铜制器，以及大气的橡木地板营造了一种典雅舒适的居住氛围。采用了现代风格家具和灯具，如Busnelli沙发、Arketipo椅子、Delightfull地灯、Baxter枝形吊灯。

设计师以一丝不苟的态度将每一种设计元素的美感发挥到极致，创造了一个和谐且极具功能性的生活环境。

惠州现代城36B样板房

设计公司：深圳市帝凯室内设计有限公司
设计师：徐树人
参与设计：庄祥高、李进念
地点：广东惠州
面积：100 平方米
主要材料：黑檀亮光黑白根大理石、土耳其灰大理
石、夹丝玻璃仿古镜面、皮革、墙纸

设计说明

本案设计以含蓄、奢华、风格永恒与无限感性的阿玛尼为主题。风格奢华而不奢靡，贵气而不张扬，简化的线条，带着一种悠闲的舒适感。石材与镜面的使用，让空间具有细腻的质感。极富心思的家具配饰，隐约地显露了优越的品位。设计师在该样板空间中以其灵感与巧思，让人体验空间的庄重与舒适，让高贵优雅之气弥散开来，呈现出别样的奢华度。

设计公司：Studio Andrea Castrignano
设计师：Andrea Castrignano
摄影师：Matteo Cirenei
面积：200 平方米
主要材料：木、石、玻璃、铁件

杜瑞尼15号公寓

设计说明

如果说家是一个舞台，而我们是这个舞台的主角，那么色彩、声音、方向、形状、质感和情趣则是彰显主角个性和情感的元素。家就像经过精心剪裁的套装，被设计师一丝不苟的将多种元素进行剪裁缝纫，以找到适应我们体型的最佳尺度。

这座住宅是为业主量身打造的：在这个新竣工的室内设计项目中，设计师仿佛是一位技艺高超的裁缝，为业主定做最舒适的新装。

独特的细节，自然的元素，暖色系与复古家居等元素被融为一体，这就是杜瑞尼15号公寓，一个定制的室内设计。

这座久负盛名的住宅位于米兰的核心区域杜瑞尼大街，占据一座20世纪早期建筑的顶端楼层，面积约200平方米。该项目在重修过程中，设计师将其富有独特魅力的复古外观进行翻新，对原来的诸多装饰和细部进行重塑。

设计师融合了木材、石材、玻璃和铁艺——从纯天然到人造加工材料——体现了人与自然的平衡关系。设计师试图使用纺织物突出材料的质感。在墙壁、地板和涂料的颜色使用上，设计师投入了全色系来展现其魅力，独特的"剪裁"令这座住宅的每一个房间都呈现出最美的一面。

设计公司：品辰设计
陈设设计师：夏婷婷
参与陈设设计师：余丽华
面积：242.2 平方米
主要材料：皮革、金属、石材

协信世外桃源样板间

设计说明

人生的真谛在于不断攀登一个又一个的高峰，
达成目标，然后马不停蹄地奔向下一个目标，
不求俯瞰天下，悦心即可。

这是一个时尚而浓烈的时代，
橙色和金色的搭配华贵而不浮夸，
皮革与野兽元素的采用凸显了一种野性的美感。

旅行的自由和马背上的不羁，
看似复古却演绎着奢享生活的贵族，
世界在变，初心不变，

狂野不在表面，
而在永不停步的内心，
强大在绅士的外表和深厚的底蕴，
唯有低调沉稳的绅士底蕴让高雅空间延续。

PANO公寓

设计公司：Ayutt and Associates Design
设计师：Ayutt Mahasom
参与设计：Suvatthana Satthbannasuk、
Sasivimol Utisup
面积：700 平方米
摄影师：Soopakorn Srisakul

设计说明

PANO公寓位于一栋摩天大厦的53~55层，是一座独立的住宅，附带有独立的户外空间，满足了私人生活和社交生活的空间需要，其居住体验与郊区的田园住宅无异。室外空间包括露台、花园和游泳池。室内空间的公共区域主要位于公寓的一层和顶层，而私人生活区域如主卧、儿童房、书房和洗手间都位于二层。

整个住宅设计体现了水文化和流动空间概念，起居室、主卧、书房和室外空间都有运用。门厅和起居室是会客区和私人区域的第一道门槛，与其他本地住宅不同，起居室是整个空间的核心，各种艺术作品点缀装饰其中。露台设计优雅，极大增强了居所的采光效果。室外空间点缀着树木绿植，在这座擎天大楼上焕发生机，在这里不仅可以感受自然生态，也可以欣赏到美丽的景致。绿色植物的设置，将室内空间与室外空间连通，也将现代风格与本土传统融为一体。

主楼梯直通顶层花园，成为起居区域的核心。设计师塑造了一座平静的禅意花园。主卧中放置了很多绿色植物，将自然的气息带入室内，贯穿主卧、洗手间和穿衣间。来到顶层，进入室外露台，家人和朋友们可以在此享受到阳光和新鲜空气。游泳池和花园为家庭提供了最理想的居住环境。室外空间、BBQ厨房、日光浴甲板和用餐区等活动区域，围绕在游泳池周围。娱乐室、露台和泳池区域，为大人和孩子提供了丰富的休闲区域。

花园围绕私人区域而建，不仅了提升视觉效果，也使家庭和朋友将社交空间转移到户外。空间的美感来自对昔日的回忆。在对泰国本土生活方式的体现方面，这座公寓尽显奢华，住户可以在此欣赏到曼谷的天际线，远离城市的喧嚣和压力。

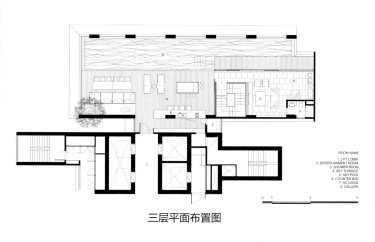

ROOM NAME
1. LIFT LOBBY
2. ENTERTAINMENT ROOM
3. SHOWER ROOM
4. SKY TERRACE
5. SKY POOL
6. COUNTER BAR
7. AC LEDGE
8. GALLERY

三层平面布置图

ROOM NAME
1. MASTER BEDROOM
2. MASTER BATHROOM
3. WALK-IN CLOSET
4. KIDROOM
5. WORKING ROOM
6. GUEST BEDROOM 1
7. GUEST BEDROOM 2
8. STORAGE
9. AC LEDGE

二层平面布置图

ROOM NAME
1. FOYER
2. LIVING SPACE
3. DINING SPACE
4. FAMILY SPACE
5. WESTERN KITCHEN
6. STAIR HALL
7. STUDY ROOM
8. BATHROOM
9. POWDER ROOM
10. STORAGE
11. SHOE ROOM
12. ASIAN KITCHEN
13. MAID
14. AC LEDGE
15. PRIVATE LIFT LOBBY
16. PUBLIC LIFT LOBBY

一层平面布置图

设计师：Pado Frello

参与设计：Marziamoretti、Daniele Gagliolo

摄影师：Fabio Lombrici

地点：意大利米兰

面积：230 平方米

Biancamaria公寓

设计说明

这座住宅的设计风格是古典与现代的结合，设计师精选家居作品和现代艺术作品来进行室内装饰。同时，整个居住空间还散发着浓郁的古典气息，让人仿佛回到了20世纪前的西班牙，那个以其卓越的建筑风格和拼花地板而闻名的时代。

起居空间的设计利落而流畅，230平方米的居住空间中包含了各种不同的功能空间。由入口进入，沿着走廊可以到达起居空间的不同的自主空间。待客区被一扇门一分为二，空间相对独立。宽敞的起居室对着餐厅，和阅读区间隔一面书架和电视墙。由此经过一条走廊，进入卧室区域。这一区域的设计风格与整个空间的自由风格一致——是现代与古典的完美结合。

家具的设计极具功能性，成为空间中不可或缺的元素，更加突出了整个空间的便捷性、宜居性。

设计公司：大勺国际空间设计
设计师：林宪政
软装设计：上海太舍馆贸易有限公司
面积：85平方米

阿那亚海景贰户型

设计说明

本案设计首要目标是充分利用远处的海景，力求让业主能欣赏到极为壮观的海上景致。设计去除共性、均值的信息，希望能让目标客群，读懂空间读懂设计。

阿那亚位于海边，地理位置优越，环境优美，给人以舒适开阔的感觉，故设计师在空间的两面都设置了通透的大幅玻璃窗，以毫无阻碍的观赏海景。另外设计还特别注重空间的高度，空间光线充足，清新明亮。

最为特别的是在该项目中设计师模糊了公共区域与私人区域的概念，在这里主客一体，毫无疏离感与距离感。空间设置了三个最佳观海高度，一个是在刚进门的高度，一个是上到或下到主厅的高度，一个是上到夹层的高度。三个高度均可观赏海景，视野极佳。

在某些方面男人更像小孩，心智比女人更幼稚。正因为这样，设计师舍弃了一般住宅厅房的功能，而是放大了某些空间，如4.2米的挑高等。希望这个近似于小型私人画廊的空间能承载男主人的兴趣与爱好，让男主人在这里自由发挥，书写美好人生。

也许有人会问，设计度假公寓，厨房有那么重要吗？但在设计师看来是极为重要的。对于男女主人来说，厨房也是另一个趣味空间。在这里，男女主人互相为对方做一顿精美的晚餐，是情趣，也是幸福。

一层平面布置图

二层平面布置图

设计公司：ARCO Arquitectura
Contemporánea
摄影师：Jaime Navarro
面积：643 平方米
主要材料：天然木材、大理石、镜子、
玻璃、油画

ASL公寓

设计说明

这座公寓位于墨西哥城西部，其设计关键是找到能够平衡现代空间和传统风格家具的设计语言。因此，设计师选用抛光板和优雅的冷色系来打造这个融合型风格的作品。除此之外，灯光和音频、视频控制系统也采用了这种融合型艺术处理方式进行设计。

对比鲜明的几何图形地毯铺设于主入口，引领客人从走廊进入公共区域与私密区域。起居室空间很大，并拥有美妙绝伦的景观视野。小型会客厅位于起居室和书房之间。餐厅相对独立，但也拥有绝佳的视野，中央的巨大枝形吊灯特别具有吸睛效果。

家庭房作为过渡区域被设置在公共区域和私密区域之间，闲暇之时可以在这里看上一场电影或听一听音乐。天花板和墙壁用乌木进行装饰，纯黑色的花岗岩墙面和金丝卡拉卡塔白的地面相接，展现出一种独特的风格。

平面布置图

中海·白云新城云麓公馆

设计公司：尚策室内设计顾问（深圳）有限公司
面积：300 平方米

设计说明

本案位于白云山下，宏阔的空间尺度彰显传世大宅的气度。空间内部整体装饰语言沉稳，以黑檀木的光泽感，渲染出空间低调奢华、时尚休闲的气息，尊贵之感由内而外散发出来。空间的功能区域划分也有别于传统的方式，以一条隐形的线贯穿整体空间，引领家人的活动动线。

阅读空间连接客厅和书房，透过夹砂玻璃的隔屏移门便可窥一二。闲暇之时，于此阅读、休息，惬意之感油然而生。卧室则呈现出清爽优雅的简约设计手法，让纷扰的都会生活，在卧室之中消失殆尽，有的只是最简单最放松的心情。卫浴空间采用大量的天然石材，并在墙面与洗手台上搭配酒店式的大面活动镜面，结合大尺度圆形浴缸，让业主在这里可以完全放松，享受到顶级酒店的感受。

混搭家具的置入，让空间在沉稳中也透露出饱和度的对比美学。将自然光或是艺术光源隐晦地埋藏在彼端，赋予空间趣味性的同时，也让全家人聚会之时，能感受到极致的温馨氛围。让生活在这里的人，无论是假日休闲还是退休赋闲，都能有宏观大气、温暖的生活环境。

Benicassim别墅

设计师：Egue y Seta
面积：372.72 平方米
摄影：Vicugo Foto

设计说明

基于实用和通透的设计目标，设计师去除了空间中不必要的隔断，将空间打通，大大增强了室内的空间感，并将室外景观引入空间中。这种设计风格看似司空见惯，尤其是在"阁楼"式建筑大行其道的今天，但一般的"阁楼"设计并不适合大空间的住宅建筑。然而在这座300多平方米的大空间住宅中却将阁楼元素完美地融入其中，打造出整体居住感、视觉效果、空间整合性以及空间功能性俱佳的空间，呈现全新的设计感官体验。

由主通道进入，迎面而来的是一座郁郁葱葱的庭院花园。庭院花园呈带状环绕这座住宅建筑。游泳池和阳光甲板就位于这"花园带"之中。立足室内，从巨大的铁艺窗户向外望去，新修的花园美景尽收眼底。餐厅与室外露台仅隔一道玻璃墙，极大地拓展了室内空间感。开放式厨房紧挨着餐厅和客厅。室内设计极具通透感，透过窗户可以一眼望到室外的绿色植物和远处的风景，仿佛那海滩就在转角处，在室内任何一个角落，你都可以呼吸到略带咸味的海风。在区域设计中，设计师没有设置任何隔断，墙面和天花板即是视觉界限。起居室中墙面的主要装饰材料为粗木制暖墙。客厅里的L形沙发搭配灰色系软垫，通墙打造的家具具有强大的储物功能，同时也是视听控制台，并内置有通风管道。水泥砌的走廊从客厅延伸出去，直达餐厅。餐厅配有天然橡木餐桌，桌腿由金属锻造而成，餐桌的风格华贵大气。用餐区将厨房与室外花园连接起来，整个空间显得通透而明朗。

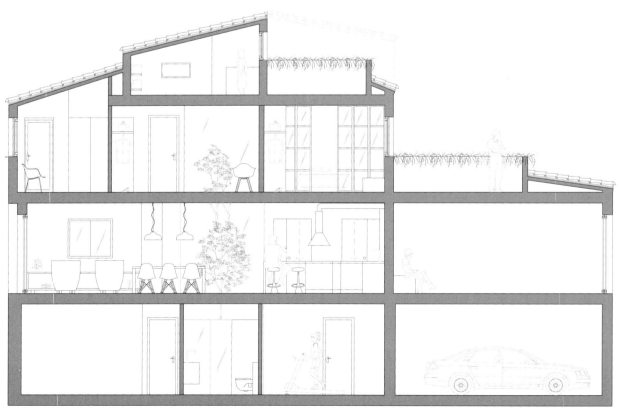

立面图

在厨房，设计师采用了与传统西班牙瓷砖对比鲜明的方式处理墙面，闪亮的工业钢面家具与本土风格装饰搭配在一起，彰显一种独特的风格。厨房虽然与客厅、餐厅连成一体，但却是另一种迥然不同的格调，并且过渡极为自然。置身其中，仿佛同时进入了两个不同的空间，毫无违和感。

二楼是卧室及休闲区域，设计尽显奢华。室内花园依然是整个空间的轴心，在每间卧室都可以欣赏到花园的景致。主卧的中央放置了一张橡木双人床，床体同时也可以作为储藏空间，在阅读区和装饰灯的后侧是内置卫生间。橡木地板从卧室延伸到卫生间，并与卫生间的瓷砖墙壁相接。巨大的花洒两侧是两扇对称的窗户，很好地解决了卫生间的通风问题。双人床的对面是装修奢华的穿衣间。与这间套房式卧室同处一层的还有另外两间空间稍小的卧房。这两间卧室共享一个卫生间，卫生间的装修用色大胆，木制大理石台面采用暖色系和闪亮洁净的白色瓷砖。跟主卧一样，这两间卧室同样可以看到室外的花园带和室内的天井花园。在天花板和床头板的设计上，设计师选择了单一的灰色系来突出连续性和空间感，灰色易染的特点更好地突出了灯光的效果。

走出来仔细品味，设计师的设计理念逐渐清晰起来，相邻空间视觉上的通透感，以绿色元素为轴心进行空间设置，最后在地板、墙面、天花板之间架起"桥梁"，打破空间的界限，无论从视觉上还是行动感知上，都带给人和谐舒适的感觉。传统与工业元素的结合，时代感与地方特色的完美融合，为您开启了一场视觉盛宴。

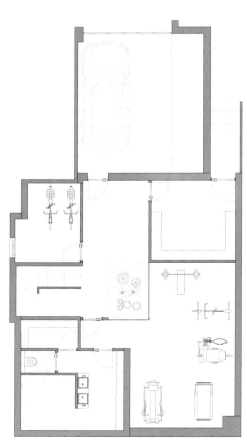

负一层平面布置图

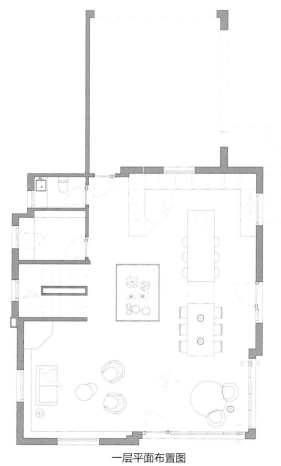

一层平面布置图

二层平面布置图

设计公司 : Dis. Interiorarkitekter Mnil AS
摄影师 : Kaido Haagen

塔林的挪威官邸

设计说明

在这座官邸之中，主人常常要接待不同形式的公众拜访，因此在室内设计上突出了浓厚的北欧风情。在这座木结构房屋中，使用灰色系为基色，挪威风格的白橡木家具和灯光的设置来营造室内温暖而典雅的气氛。作为对比，软装和地毯采用了色彩丰富的材料，为空间增添暖意和些许活泼的气氛。同时，也对一些家具进行了翻新，或使用新的纺织品进行装饰，或对其表面进行改造，使其与室内设计风格相协调。

设计公司：北京王凤波装饰设计机构
设计师：郭筱玉
施工单位：北京王凤波装饰设计机构
摄影师：恽伟
面积：110 平方米

蓝色港湾

设计说明

在这套面积较大的LOFT样板间中，设计师使用了现代简约的设计手法，搭配大面积的蓝色来塑造空间。除了让空间显得更加宽敞之外，也符合目标客户群的审美需求。

设计师除了在空间中大量使用直线条之外，还在家具和装饰品上使用了不少柔美的曲线，使整个空间刚柔并济，增加了住宅样板间的舒适感。

另外，整个空间中的家具都是按照样板间的实际尺寸来量身定做的。一方面，设计师在款式和面料上有了更多发挥的空间，另一方面也可以让样板间的空间显得更加合理。

虹梅21

设计公司：上海亚邑室内设计有限公司
设计师：孙建亚
面积：420 平方米

设计说明

这是一个老别墅改造项目，整体设计包含了建筑外立面改建部分。这样一种从外观一直延伸至室内的整体设计方案，正是设计师最期待的。老房子本身存在空间结构和建筑外立面的不合理性，这对设计师来说，是前所未有的考验。

本案业主为境外时尚广告创意人，崇尚极简主义。一栋有着二十年屋龄的坡屋顶别墅，要改造设计成极简的建筑风格，对设计师来说是一个极大的挑战。设计师对建筑及外立面进行了较大的修改，把原有的斜屋顶拉平，并且把外凸的屋檐改建为结构感很强的外挑，并以方盒为基础的设计理念，重新分割为功能性较强的露台或雨篷，既增强了建筑的设计感，又增强了空间的实用性。总体而言，设计师通过对原有建筑结构的分析、剖切、取舍、重组，最终满足业主的极简主义需求。

从户外景观、建筑到室内，没有间断及多余的装饰，极简精神一气呵成贯穿内外。外墙窗户成为设计过程中非常重要的一环，所以尽可能地扩大窗户的范围，并且避免出现一切多余的框线，将所有外墙窗框预埋在建筑框架内，达到室内外没有界限的效果。

在室内部分，设计师剔除了一切多余的元素及颜色，利用墙面的分割达成空间的使用机能。不同角度倾斜的爵士白大理石拼接，成为空间的主角，同时作为突出家居空间的背景，又不会过于张扬。成功地精致化了材料细节，但又不会过分地分散空间注意力，让视觉停留在整个空间内。

室内多处利用了建筑的手法，客厅电视墙利用吊顶灯沟形成的间接光，延伸至墙面开槽通往户外，独立了左侧电视墙的块体。在右侧，设计师利用了黑色不锈钢书架成功地分割挑空区与电视墙的界面。

室内所有房间均未使用门框，仅利用墙面的分割来完成并隐藏功能性较强的门片，楼梯间的灯光内嵌于墙面，大小不一的气泡，让人产生拾级而上的冲动，并与外立面协调一致。

整体设计秉持了国内少有的极简主义风格，简化了因功能而装饰的多余造型、材质及线条，但为了避免太过直白而带来的空洞，与其摒弃所有，不如给焦点添加一点细节及贯穿空间的特征，让设计更具有感染力。

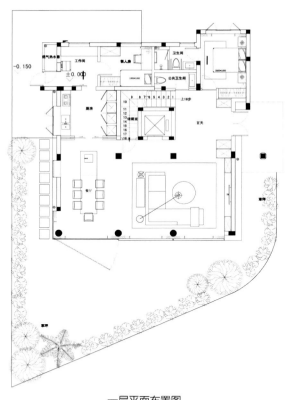

一层平面布置图

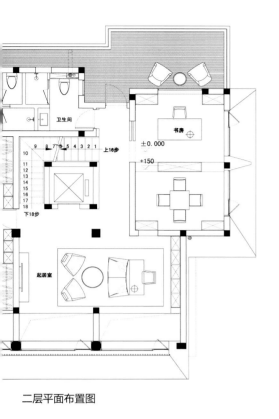

二层平面布置图

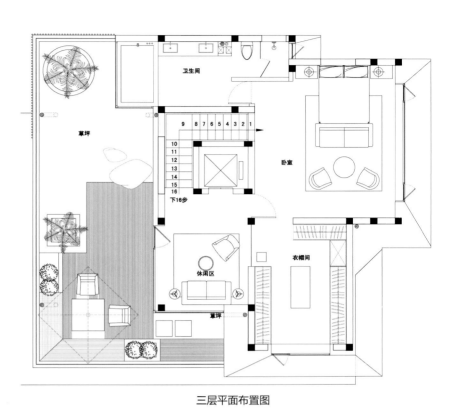

三层平面布置图

保利国际广场三期示范单位

设计公司：柏舍设计（柏舍励创专属机构）
面积：128 平方米
主要材料：玫瑰金镜面不锈钢、墙纸硬包、
皮革、雅士白、新月亮古

设计说明

高品质的生活是本案的设计主题，通过现代设计手法缔造港式典雅的空间氛围，将整个空间进行合理安排，空间配比宽裕，动静分明，呈现自然、简约的基调，有非常好的一体感。色彩上，以米色为主色调，搭配黑色与灰色，简洁自然，色彩协调。空间开敞，以直线条为主，结合镜面、玫瑰金钢及布艺等材料的搭配，营造出强烈的层次感，看似简洁朴素的外表之下，折射出一种隐藏其中的贵族气质。针织地毯、素雅丝质、褐色毛绒，以及简约明快的线条纹理，清雅和谐地融于一体，既彰显了个人品位，又诠释出无懈可击的高品质家居。

平面布置图

设计公司：柏舍设计（柏舍励创专属机构）
面积：104 平方米
主要材料：雅典娜灰、爵士白大理石、
香槟金镜钢

莆田市香槟国际A型样板房

设计说明

此案为一个四口之家，设计删繁就简，看似奢侈，却尽显淡雅，演绎商务精英的精致生活体验。

客厅经过精心布置，别致的沙发和镜面茶几搭配作为点缀的灰紫色调饰品，优雅中不失沉稳。木板包覆特意使用白色硬包，与灰色大理石背景墙形成对比，色调平衡，配上魅力十足的饰品，展示了主人的独到品位；地面与部分墙面运用了天然大理石饰面，简约大气。餐厅的艺术吊灯也颇具特色，增强了空间质感和品位。灯光交相辉映，让人不饮美酒已自醉。

主卧与书房朴素淡雅，既没有夸张的色彩、装饰品和家具，线条感强，简单大气，也少了喧嚣与繁冗，闲适却也不失品质感。主卫也是一大亮点，空间的巧妙利用让人不知不觉中爱上了沐浴，洗涤一天的疲意，充实睡眠的放松前奏。卧室中的衣帽间设计形成一个隔而不断，分而不离的互动空间，惬意时尚的品质生活体验尽在其中。

本案整体设计空间层次感强烈，主要采用灰、白色系，独特的镜面处理增加了空间层次。再加上精致考究的现代家具摆设，让人眼前一亮的饰品，精致多彩的生活方式得到诠释。

在简洁大方中透露出沉稳内敛的文化底蕴。既不过分张扬，而又恰到好处地把雍容典雅之气渗透到每个角落，突出本身的自然优势又适当彰显了独到的个人品位。

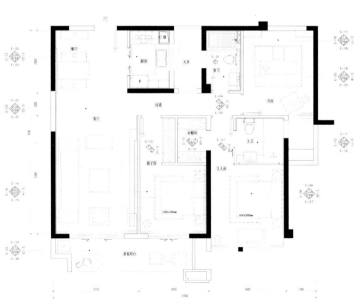

平面布置图

悦·居

设计公司：硕瀚创意设计研究室
设计师：杨铭斌
摄影：欧阳云
面积：111 平方米
主要材料：不锈钢、硬包、墙布、乳胶漆、地毯

设计说明

原三房户型经优化设计后转变为独享奢华餐厅等空间的实用四房。本案电视墙以吊挂的形式呈现，使餐厅与客厅之间更为通透的同时，也让视野更为开阔。以装饰柜作为书房与客厅的分隔载体，移动趟门则成了书房与柜体的共同体，灵活的处理手法令客厅与阳台形成对流，让空间在通风及采光方面得到更好地体现。主人房设计以酒店式形态呈现，独立的衣帽间及高质量卫生间处理，全地毯铺贴，带来星级尊贵服务的体验。

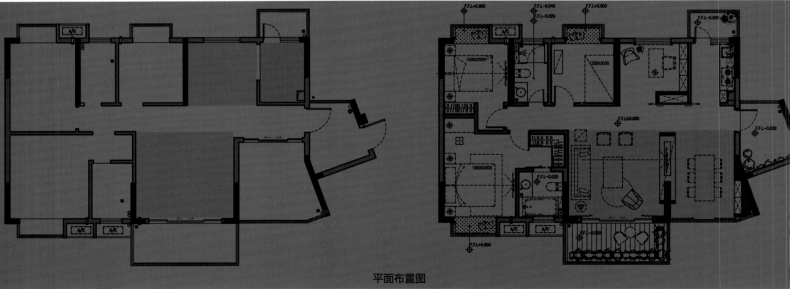

平面布置图

皇廷丹郡

设计公司：品川设计
设计师：何心磊
摄影师：周跃东
面积：300平方米

设计说明

随着人们生活水平的提高，对家居设计的审美也有了质的提升，不再是简单粗暴的复制、粘贴。倘若将各种风格比作一众美女，那现代风格一定是第二眼美女，看似貌不惊人却有一种不被时间所淘汰的内在气质。本案以现代风格为基调，融入低调的奢华，为300平方米的家居空间打造出奢华、时尚的空间气质。

现代主义也成为功能主义，在追求时尚潮流的同时，非常注重空间布局与实用功能的结合，而这一点也正是本案设计的核心所在。在本套作品中，设计师以厚重的色调为基础，偏灰、偏咖等深色搭配极致奢华的装饰做点缀，为现代家居空间增添了尊贵的氛围。从玄关到客厅、餐厅的空间过渡十分顺畅，这得益于设计师对现代风格完美的把控。以木质和石材为主要材料，干净利落的设计手法突显华而不贵地气质，而材质上天然的纹理则令空间的奢华气质升华到极致。

从功能到空间的组织，这个现代空间都显得严谨有序，设计师更为注重建筑结构本身的形式美。在家具摆设的选择上，多采用造型简洁，无多余装饰，工艺合理的家具。在材料的运用上更为尊重材料的特性，讲究材料本身的质地和色彩的配置效果。在整体的设计上突出设计与生活的密切联系，真正体现"少即是多"的设计原则。奢华而富有品位的空间营造出无形更胜有形的尊贵气质。

设计公司：Miro Rivera Architects
地点：德克萨斯州奥斯汀
面积：297 平方米
摄影：Paul Finkel | Piston Design

Miro Rivera之家

设计说明

Juan Miró 一家不仅是这座住宅的拥有者，同时也是它的建筑师。改造后的住宅面貌焕然一新，突破了传统美式风格。

改造后，大幅玻璃板嵌入到深色木制立面上，为色彩斑斓的艺术作品提供了一面纯净的背景。巨大的落地窗将室外丰富多彩的园艺景观引入室内。厨房中设置了很多功能齐全的隐藏橱柜模块，能将全家人的日常饮食起居收纳其中。

前院设计展现了最为戏剧化的视觉转换效果——一条巨大的停车行道将您引入到改造后的客厅（原停车库），前院由一段矮墙包围，与墙外的街道相隔离，为主人提供了私密的环境，接着脚踩石汀，穿过一座矩形水池之后，便到达住宅的前门了。

图书在版编目（CIP）数据

现代奢华 / DAM 工作室 主编 . – 武汉：华中科技大学出版社，2015.9

（空间·物语）

ISBN 978-7-5680-1281-2

Ⅰ.①现… Ⅱ.① D… Ⅲ.①住宅 – 室内装饰设计 – 图集 Ⅳ.① TU241-64

中国版本图书馆 CIP 数据核字（2015）第 242402 号

现代奢华 空间·物语
Xiandai Shehua Kongjian·Wuyu

DAM 工作室 主编

出版发行：华中科技大学出版社（中国·武汉）

地　　　址：武汉市武昌珞喻路 1037 号（邮编：430074）

出 版 人：阮海洪

责任编辑：熊纯　　　　　　　　　　　　　　　　　　　　责任监印：张贵君

责任校对：岑千秀　　　　　　　　　　　　　　　　　　　装帧设计：筑美文化

印　　　刷：中华商务联合印刷（广东）有限公司

开　　　本：965 mm × 1270 mm　1/16

印　　　张：20

字　　　数：160 千字

版　　　次：2016 年 3 月第 1 版 第 1 次印刷

定　　　价：328.00 元（USD 65.99）

投稿热线：（020）36218949　　duanyy@hustp.com

本书若有印装质量问题，请向出版社营销中心调换

全国免费服务热线：400-6679-118 竭诚为您服务